致力于绿色发展的城乡建设

城市与自然生态

全国市长研修学院系列培训教材编委会　编写

中国建筑工业出版社

审图号：GS（2019）3814号

图书在版编目（CIP）数据

城市与自然生态/全国市长研修学院系列培训教材编委会
编写. —北京：中国建筑工业出版社，2019.6
（致力于绿色发展的城乡建设）
ISBN 978-7-112-23938-2

Ⅰ. ①城… Ⅱ. ①全… Ⅲ. ①城乡建设－生态环境
建设－研究－中国 Ⅳ. ①TU984.2②X321.2

中国版本图书馆CIP数据核字（2019）第132077号

责任编辑：尚春明 咸大庆 郑淮兵 王晓迪
封面摄影：俞孔坚
责任校对：王宇枢 张惠雯

致力于绿色发展的城乡建设
城市与自然生态
全国市长研修学院系列培训教材编委会 编写
*
中国建筑工业出版社出版、发行（北京海淀三里河路9号）
各地新华书店、建筑书店经销
北京锋尚制版有限公司制版
北京富诚彩色印刷有限公司印刷
*
开本：787×1092毫米 1/16 印张：10¾ 字数：153千字
2019年11月第一版 2019年11月第一次印刷
定价：84.00元
ISBN 978-7-112-23938-2
（34238）

全国市长研修学院系列培训教材编委会

贯彻落实新发展理念
推动致力于绿色发展的城乡建设

习近平总书记高度重视生态文明建设和绿色发展，多次强调生态文明建设是关系中华民族永续发展的根本大计，我们要建设的现代化是人与自然和谐共生的现代化，要让良好生态环境成为人民生活的增长点、成为经济社会持续健康发展的支撑点、成为展现我国良好形象的发力点。生态环境问题归根结底是发展方式和生活方式问题，要从根本上解决生态环境问题，必须贯彻创新、协调、绿色、开放、共享的发展理念，加快形成节约资源和保护环境的空间格局、产业结构、生产方式、生活方式。推动形成绿色发展方式和生活方式是贯彻新发展理念的必然要求，是发展观的一场深刻革命。

中国古人早就认识到人与自然应当和谐共生，提出了"天人合一"的思想，强调人类要遵循自然规律，对自然要取之有度、用之有节。马克思指出"人是自然界的一部分"，恩格斯也强调"人本身是自然界的产物"。人类可以利用自然、改造自然，但归根结底是自然的一部分。无论从世界还是从中华民族的文明历史看，生态环境的变化直接影响文明的兴衰演替，我国古代一些地区也有过惨痛教训。我们必须继承和发展传统优秀文化的生态智慧，尊重自然，善待自然，实现中华民族的永续发展。

随着我国社会主要矛盾转化为人民日益增长的美好生活需要和不平衡不充分的发展之间的矛盾，人民群众对优美生态环境的需要已经成为这一矛盾的重要方面，广大人民群众热切期盼加快提高生态环境和人居环境质量。过去改革开放 40 年主要解决了"有没有"的问题，现在要着力解决"好不好"的问题；过去主要追求发展速度和规模，现在要更多地追求质量和效益；过去主要满足温饱等基本需要，现在要着力促进人的全面发展；过去发展方式重经济轻环境，现在要强调"绿水青山就是金山银山"。我们要顺应新时代新形势新任务，积极回应人民群众所想、所盼、所急，坚持生态优先、绿色发展，满足人民日益增长的对美好生活的需要。

我们应该认识到，城乡建设是全面推动绿色发展的主要载体。城镇和乡村，是经济社会发展的物质空间，是人居环境的重要形态，是城乡生产和生活活动的空间载体。城乡建设不仅是物质空间建设活动，也是形成绿色发展方式和绿色生活方式的行动载体。当前我国城乡建设与实现"五位一体"总体布局的要求，存在着发展不平衡、不协调、不可持续等突出问题。一是整体性缺乏。城市规模扩张与产业发展不同步、与经济社会发展不协调、与资源环境承载力不适应；城市与乡村之间、城市与城市之间、城市与区域之间的发展协调性、共享性不足，城镇化质量不高。二是系统性不足。生态、生产、生活空间统筹不够，资源配置效率低下；城乡基础设施体系化程度低、效率不高，一些大城市"城市病"问题突出，严重制约了推动形成绿色发展方式和绿色生活方式。三是包容性不够。城乡建设"重物不重人"，忽视人与自然和谐共生、人与人和谐共进的关系，忽视城乡传统山水空间格局和历史文脉的保护与传承，城乡生态环境、人居环境、基础设施、公共服务等方面存在不少薄弱环节，不能适应人民群众对美好生活的需要，既制约了经济社会的可持续发展，又影响了人民群众安居乐业，人民群众的获得感、幸福感和安全感不够充实。因此，我们必须推动"致力于绿色发展的城乡建设"，建设美丽城镇和美丽乡村，支撑经济社会持续健康发展。

我们应该认识到，城乡建设是国民经济的重要组成部分，是全面推动绿色发展的重要战场。过去城乡建设工作重速度、轻质量，重规模、轻效益，重眼前、轻长远，形成了"大量建设、大量消耗、大量排放"的城乡建设方式。我国每年房屋新开工面积约 20 亿平方米，消耗的水泥、玻璃、钢材分别占全球总消耗量的 45%、40% 和 35%；建筑能源消费总量逐年上升，从 2000 年 2.88 亿吨标准煤，增长到 2017 年 9.6 亿吨标准煤，年均增长 7.4%，已占全国能源消费总量的 21%；北方地区集中采暖单位建筑面积实际能耗约 14.4 千克标准煤；每年产生的建筑垃圾已超过 20 亿吨，约占城市固体废弃物总量的 40%；城市机动车排放污染日趋严重，已成为我国空气污染的重要来源。此外，房地产业和建筑业增加值约占 GDP 的 13.5%，产业链条长，上下游关联度高，对高能耗、高排放的钢铁、建材、石化、有色、化工等产业有重要影响。因此，推动"致力于绿色发展的城乡建设"，转变城乡建设方式，推广适于绿色发展的新技术新材料新标准，建立相适应的建设和监管体制机制，对促进城乡经济结构变化、促进绿色增长、全面推动形成绿色发展方式具有十分重要的作用。

时代是出卷人，我们是答卷人。面对新时代新形势新任务，尤其是发展观的深刻革命和发展方式的深刻转变，在城乡建设领域重点突破、率先变革，推动形成绿色发展方式和生活方式，是我们责无旁贷的历史使命。

推动"致力于绿色发展的城乡建设"，走高质量发展新路，应当坚持六条基本原则。一是坚持人与自然和谐共生原则。尊重自然、顺应自然、保护自然，建设人与自然和谐共生的生命共同体。二是坚持整体与系统原则。统筹城镇和乡村建设，统筹规划、建设、管理三大环节，统筹地上、地下空间建设，不断提高城乡建设的整体性、系统性和生长性。三是坚持效率与均衡原则。提高城乡建设的资源、能源和生态效率，实现人口资源环境的均衡和经济社会生态效益的统一。四是坚持公平与包容原则。促进基础设施和基本公共服务的均等化，让建设成果更多更公平惠及全体人民，实现人与人的和谐发展。五是坚持传承与发展原则。在城乡建设中保护弘扬中华优秀传统文化，在继承中发展，彰显特色风貌，让居民望得见山、看得见水、记得住乡愁。六是坚持党的全面领导原则。把党的全面领导始终贯穿"致力于绿色发展的城乡建设"的各个领域和环节，为推动形成绿色发展方式和生活方式提供强大动力和坚强保障。

推动"致力于绿色发展的城乡建设",关键在人。为帮助各级党委政府和城乡建设相关部门的工作人员深入学习领会习近平生态文明思想,更好地理解推动"致力于绿色发展的城乡建设"的初心和使命,我们组织专家编写了这套以"致力于绿色发展的城乡建设"为主题的教材。这套教材聚焦城乡建设的12个主要领域,分专题阐述了不同领域推动绿色发展的理念、方法和路径,以专业的视角、严谨的态度和科学的方法,从理论和实践两个维度阐述推动"致力于绿色发展的城乡建设"应当怎么看、怎么想、怎么干,力争系统地将绿色发展理念贯穿到城乡建设的各方面和全过程,既是一套干部学习培训教材,更是推动"致力于绿色发展的城乡建设"的顶层设计。

专题一:明日之绿色城市。面向新时代,满足人民日益增长的美好生活需要,建设人与自然和谐共生的生命共同体和人与人和谐相处的命运共同体,是推动致力于绿色发展的城市建设的根本目的。该专题剖析了"城市病"问题及其成因,指出原有城市开发建设模式不可持续、亟需转型,在继承、发展中国传统文化和西方人文思想追求美好城市的理论和实践基础上,提出建设明日之绿色城市的目标要求、理论框架和基本路径。

专题二:绿色增长与城乡建设。绿色增长是不以牺牲资源环境为代价的经济增长,是绿色发展的基础。该专题阐述了我国城乡建设转变粗放的发展方式、推动绿色增长的必要性和迫切性,介绍了促进绿色增长的城乡建设路径,并提出基于绿色增长的城市体检指标体系。

专题三:城市与自然生态。自然生态是城市的命脉所在。该专题着眼于如何构建和谐共生的城市与自然生态关系,详细分析了当代城市与自然关系面临的困境与挑战,系统阐述了建设与自然和谐共生的城市需要采取的理念、行动和策略。

专题四:区域与城市群竞争力。在全球化大背景下,提高我国城市的全球竞争力,要从区域与城市群层面入手。该专题着眼于增强区域与城市群的国际竞争力，分析了致力于绿色发展的区域与城市群特征，介绍了如何建设具有竞争力的区域与城市群，以及如何从绿色发展角度衡量和提高区域与城市群竞争力。

专题五：城乡协调发展与乡村建设。绿色发展是推动城乡协调发展的重要途径。该专题分析了我国城乡关系的巨变和乡村治理、发展面临的严峻挑战，指出要通过"三个三"（即促进一二三产业融合发展，统筹县城、中心镇、行政村三级公共服务设施布局，建立政府、社会、村民三方共建共治共享机制），推进以县域为基本单元就地城镇化，走中国特色新型城镇化道路。

专题六：城市密度与强度。城市密度与强度直接影响城市经济发展效益和人民生活的舒适度，是城市绿色发展的重要指标。该专题阐述了密度与强度的基本概念，分析了影响城市密度与强度的因素，结合案例提出了确定城市、街区和建筑群密度与强度的原则和方法。

专题七：城乡基础设施效率与体系化。基础设施是推动形成绿色发展方式和生活方式的重要基础和关键支撑。该专题阐述了基础设施生态效率、使用效率和运行效率的基本概念和评价方法，指出体系化是提升基础设施效率的重要方式，绿色、智能、协同、安全是基础设施体系化的基本要求。

专题八：绿色建造与转型发展。绿色建造是推动形成绿色发展方式的重要领域。该专题深入剖析了当前建造各个环节存在的突出问题，阐述了绿色建造的基本概念，分析了绿色建造和绿色发展的关系，介绍了如何大力开展绿色建造，以及如何推动绿色建造的实施原则和方法。

专题九：城市文化与城市设计。生态、文化和人是城市设计的关键要素。该专题聚焦提高公共空间品质、塑造美好人居环境，指出城市设计必须坚持尊重自然、顺应自然、保护自然，坚持以人民为中心，坚持以文化为导向，正确处理人和自然、人和文化、人和空间的关系。

专题十：统筹规划与规划统筹。科学规划是城乡绿色发展的前提和保障。该专题重点介绍了规划的定义和主要内容，指出规划既是目标，也是手段；既要注重结果，也要注重过程。提出要通过统筹规划构建"一张蓝图"，用规划统筹实施"一张蓝图"。

专题十一：美好环境与幸福生活共同缔造。美好环境与幸福生活共同缔造，是促进人与自然和谐相处、人与人和谐相处，构建共建共治共享的社会治理格局的重要工作载体。该专题阐述了在城乡人居环境建设和整治中开展"美好环境与幸福生活共同缔造"活动的基本原则和方式方法，指出"共同缔造"既是目的，也是手段；既是认识论，也是方法论。

专题十二：政府调控与市场作用。推动"致力于绿色发展的城乡建设"，必须处理好政府和市场的关系，以更好发挥政府作用，使市场在资源配置中起决定性作用。该专题分析了市场主体在"致力于绿色发展的城乡建设"中的关键角色和重要作用，强调政府要搭建服务和监管平台，激发市场活力，弥补市场失灵，推动城市转型、产业转型和社会转型。

绿色发展是理念，更是实践；需要坐而谋，更需起而行。我们必须坚持以习近平新时代中国特色社会主义思想为指导，坚持以人民为中心的发展思想，坚持和贯彻新发展理念，坚持生态优先、绿色发展的城乡高质量发展新路，推动"致力于绿色发展的城乡建设"，满足人民群众对美好环境与幸福生活的向往，促进经济社会持续健康发展，让中华大地天更蓝、山更绿、水更清、城乡更美丽。

王蒙徽

2019 年 4 月 16 日

前言

　　人类只有一个地球，人类的未来取决于我们如何保护和利用地球所能提供的自然资源和生态。到 2018 年底，世界人口达到 75 亿，其中一半以上居住在城市。发达国家的城市人口达到 80%～90%。中国城市人口已近 60%，依赖城市谋求工作和生活的人口远远超过这个比例，并且仍在增长。城市是人类的未来，城市是人类的"家"。在古希腊文字中，"家"即生态（eco-），而研究"家"的学问就是生态学（ecology），也即研究人与自然的关系的学问。建设城市与自然和谐的生态关系，是实现人类与自然和谐的必由之路和关键。

　　在人类向往城市、努力规划建设理想城市家园的同时，又不得不面对不尽如意的结果。由于时代的局限，由于城市决策者、规划者和建设者认识的局限，城市作为人类最伟大的发明，往往与诸多"城市病"相伴而生，中国的城市尤其如此。改革开放 40 多年来，中国的城市建设取得了令世人瞩目的成就，人民的物质生活得到了巨大的改善；同时，40 多年快速的、有时甚至是失去理智的城市化速度和城市建设，使当代中国城市受困于诸多"城市病"，最集中地表现在城市与自然的关系不和谐。所以，修复或重建城市与自然的和谐关系，是摆在每一个城市建设者面前最艰巨的任务之一。本书基于这样的认识，努力探索生态文明理念下的解决之道。

　　这是一项异常艰巨而伟大的任务！世界上没有什么事情比建设一个安全、健康、和谐、美丽的人类家园更重要。为此，我们编写了本教材，旨在与城市家园的决策者、建设者、管理者和使用者探讨实现城市与自然和谐共生的理念、方法和策略。

　　全书分为五章：第一章概述。简述了本书的核心内容，并回答了为什么建设与自然和谐共生的城市必须成为每个城市建设决策者的首要任务，因为它体现了党和政府对中华民族和全人类可持续发展的责任和担当。第二章问题与挑战。直面城市所面临的生态环境危机，并揭示其原因，指出其深层原因在于人类对人与自然关系的误解和"人定胜天"这一工业文明思维的滥觞。第三章目标与理念。回答了如何理解城市与自然的关系，并明晰了什么样的城市与自然的关系是和谐共生的，以及生态文明理念下如何实现这样的和谐共生。第四章行动与策略。强调通过协调城市与自然的整体空间格局，健全城市生态基础设施，开展自然生态系统的修复和海绵城市建设，推行绿色生产生活方式等途径和策略，来实现人与自然的和谐共生。第五章案例。选取国内外几个典型案例来对应每个章节所探讨的主要内容。

目录

01

概　述

- 协调好人与自然的关系事关人民的福祉、中华民族的存亡和人类命运共同体的可持续发展，是时代赋予的责任，体现了党和国家对人民、民族和世界的担当。

- 人与自然的和谐关系集中体现为城市与自然的和谐共生，致力于绿色发展的城市建设的关键内容是协调城市与自然的生态关系。

- 以生态文明理念为指引，以健全生态系统服务和提高人民福祉为目标，通过协调城市与自然的空间格局，保护和修复自然生态系统，倡导绿色的生产生活方式，来实现人与自然的和谐共生。

1.1 直面问题：当代城市与自然的生态困境

人类最伟大的发明和创造，莫过于城市。数百万人甚至数千万人集聚在一起，工作、生活和休憩在一个区域，尽管有各自不同的目的和原由，却享受着同一片天空的阳光和雨雪，呼吸着同一方地球大气层中的空气，饮用同一源头的水，甚至依赖同一方土地的粮食和蔬菜。占世界约 20% 人口的中国的城市化，是世界最重大的事件之一，它是人类史上最气势磅礴的人口迁移和大地景观的巨变，时间之急、规模之大、冲突之剧烈、影响之深远，无出其右。我们从城市与自然的空间格局关系、自然生命系统的健康、城市对自然服务的依赖以及城市居民的生产生活方式四个方面，来认识当前城市与自然的生态关系不和谐的问题和挑战。

第一，城市与自然空间格局不和谐。过去的 40 多年，中国的城镇人口增长了近 4 倍，建成区扩大了近 7 倍；同时还存在着大量选址不当的新建城市和城市新区，它们使城市发展与自然山水格局之间的关系出现了矛盾和冲突。每年见诸报端的造成城市破坏和生命丧失的洪水地质灾害等，本质上是由城市与自然之间空间格局关系不和谐造成的。而城市与自然空间格局的不和谐，也使城市的风貌黯然，使城市既望不见山，也看不见水。所以，如何重建城市与自然相适应的空间格局，使城市远离自然灾害，并能"望得见山、看得见水"，是当代城市，特别是中国城市建设所面临的第一大挑战。

第二，自然系统作为生命肌体，其本身的健康在恶化，部分机体甚至在走向死亡。大规模的工业化，不明智的土地开发和大规模的城市基础设施建设，过度的资源开发利用，都导致山水林田湖草生命共同体的割裂和破坏，自然景观破碎化，水流、营养循环、能量流、生物栖息地和物种迁徙等自然生态过程的完整性和连续性遭到前所未有的损害。这些生态过程的灾难性问题，进一步导致海洋、湖泊及河流生命机体死亡。如何让城市赖以生存的自然生命肌体得以复活，"构建蓝绿交织、清新明亮、水城共融的生态城市"，[1] 是建设人与自然和谐的城市所面临的另一大重要挑战。

第三，城市所获得的自然服务质量低下。除了依赖于自然获得能源与资源实现可持续发展外，城市及其居民的生活还必须依赖自然所提供的生态系统服务（Ecosystem Service）。[2] 这些生态系统服务不仅可以为人类提供干净的空气、水和食物，调节气候和洪水，同时也为生物提供了多样化的栖息地和繁殖地。本来这些生态系统服务都是大自然免费提供的，但是目前中国城市的市民能从自然中获得的服务质量低下。我们不得不依赖昂贵的工业技术和灰色基础设施来使城市和居民获得所需要的服务。所以，如何利用自然的生态智慧，寻找基于自然的解决之道，使城市和居民获得可持续、高品质和低成本的生态系统服务，提升城市品质，改善城市宜居性，建设能满足人民群众对美好生活向往的城市是我们面临的又一大挑战。

1　2017 年 2 月 23 日习近平总书记在河北省安新县进行实地考察、主持召开雄安新区规划建设工作座谈会时的讲话。

2　G. C. Daily, *Nature's Services: Societal Dependence on Natural Ecosystems* (Washington, D.C.: Island Press, 1997), p. 3-4.

3　MA. *Ecosystems and Human Well-being: Current State and Trends*（Washington, D.C.: Island Press, 2005）, pp.56-60.

知识链接：生态系统服务

生态系统服务是人类从生态系统中获得的收益，包括供给服务、支持服务、调节服务和文化服务四大类 [3]（图 1-1）。供给服务是指人类从生态系统中获得的各种产品，如食物、燃料、纤维、洁净水，以及生物遗传资源等。支持服务是指生态系统生产和支撑其他服务功能的基础功能，如初级生产、制造氧气和形成土壤等。调节服务是指人类从生态系统的调节作用中获得的收益，如维持空气质量、调节气候、控制侵蚀、控制人类疾病，以及净化水源等。文化服务是指通过丰富精神生活、发展认知、大脑思考、消遣娱乐以及美学欣赏等方式，人类从生态系统中获得的非物质收益。

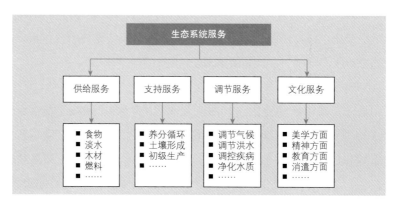

图 1-1 生态系统服务分类

第四，背离生态文明的生产生活方式是城市与自然和谐关系的最大杀手。在很大意义上，造成上述三个方面有关城市与自然关系不和谐的根源，在于当代人类生产生活方式——一种片面依赖工业文明科技和成果的生活方式。所以，推动生产生活方式的革命是建立城市与自然和谐关系的根本。

1.2 重建人与自然的和谐共生是中国政府的担当

重建城市与自然和谐的生态关系是摆在每一个城市面前最艰巨的任务。党的十八大以来，习近平总书记发表了一系列重要讲话，党中央、国务院制定了一系列方针和政策，充分体现了党和政府对重建人与自然和谐关系的担当，也是对人类命运共同体的持续安全、健康和繁荣的担当。随后，住房和城乡建设部协同有关部委，积极推进工作，形成了一个波澜壮阔的城乡生态保护、修复和重建的奋战图景：

2012 年 11 月 8 日，在中国共产党第十八次全国代表大会上，"美丽中国"建设被作为党的执政理念提了出来，强调把以人与自然和谐为核心的生态文明建设放在突出地位，融入经济建设、政治建设、文化建设、社会建设各方面和全过程。世界上没有任何一个政党和政府有过如此的担当！

2013 年 5 月 25 日，中共中央政治局就大力推进生态文明建设进行第六次集体学习。习近平总书记强调坚持节约资源和保护环境的基本国策，努力走向社会主义生态文明新时代。习近平总书记指出，"国土是生态文明建设的空间载体。要按照人口资源环境相均衡、经济社会生态效益相统一的原则，整体谋划国土空间开发，科学布局生产空间、生活空间、生态空间，给自然留下更多修复空间。要坚定不移加快实施主体功能区战略，严格按照优化开发、重点开发、限制开发、禁止开发的主体功能定位，划定并严守生态红线，构建科学合理的城镇化推进格局、农业发展格局、生态安全格局，保障国家和区域生态安全，提高生态服务功能。要牢固树立生态红线的观念。在生态环境保护问题上，就是要不能越雷池一步，否则就应该受到惩罚"。明确提出了国土是生态文明建设的空间载体，保障国土生态安全、建立生态安全格局是实现美丽中国的国家宏观战略。

2013 年 7 月 20 日，习近平总书记向"生态文明贵阳国际论坛"年会致贺信，指出："走向生态文明新时代，建设美丽中国，是实现中华民族伟大复兴的中国梦的重要内容。"[1]

国家的前途和命运、每个人的前途和命运都与自然的兴衰有紧密的联系，健康和谐的自然生态关系，是每个人的福祉所在。所以，生态保护和修复被作为"美丽中国"建设的必要前提。

2013 年 12 月 12 日，习近平总书记在中央城镇化工作会议上指出："要依托现有山水脉络等独特风光，让城市融入大自然，让居民望得见山、看得见水、记得住乡愁。""根据区域自然条件，科学设置开发强度，尽快把每个城市特别是特大城市开发边界划定，把城市放在大自然中，把绿水青山保留给城市居民。""城市规划建设的每个细节

1 习近平：《携手共建生态良好的地球美好家园》，《光明日报》2013 年 7 月 21 日第 1 版。

都要考虑对自然的影响，更不要打破自然系统。为什么这么多城市缺水？一个重要原因是水泥地太多，把能够涵养水源的林地、草地、湖泊、湿地给占用了，切断了自然的水循环，雨水来了，只能当作污水排走，地下水越抽越少。解决城市缺水问题，必须顺应自然。比如，在提升城市排水系统时要优先考虑把有限的雨水留下来，优先考虑更多利用自然力量排水，建设自然积存、自然渗透、自然净化的'海绵城市'。"由此，和谐、美丽的城市与自然的关系的轮廓被清晰地勾勒了出来：其一，城市必须适应自然格局与过程，城市与自然必须有良好的空间关系；其二，城市应该优先考虑利用自然做功，由自然提供生态系统服务。集中体现基于自然的解决之道的措施便是"海绵城市"建设，它被作为城市生态修复的关键措施提出。

2015年12月20—21日，中央城市工作会议在北京举行，习近平总书记在会上发表重要讲话，会议强调："坚持以人民为中心的发展思想，坚持人民城市为人民。""城市发展要把握好生产空间、生活空间、生态空间的内在联系，实现生产空间集约高效、生活空间宜居适度、生态空间山清水秀。""要大力开展生态修复，让城市再现绿水青山。"

2017年5月26日，中共中央政治局就推动形成绿色发展方式和生活方式进行第四十一次集体学习，习近平总书记指出："推动形成绿色发展方式和生活方式，是发展观的一场深刻革命。这就要坚持和贯彻新发展理念，正确处理经济发展和生态环境保护的关系，像保护眼睛一样保护生态环境，像对待生命一样对待生态环境，坚决摒弃损害甚至破坏生态环境的发展模式，坚决摒弃以牺牲生态环境换取一时一地经济增长的做法，让良好生态环境成为人民生活的增长点、成为经济社会持续健康发展的支撑点、成为展现我国良好形象的发力点，让中华大地天更蓝、山更绿、水更清、环境更优美。"

2017年10月，党的十九大报告提出，人与自然是生命共同体，人类必须尊重自然、顺应自然、保护自然。习近平总书记指出："我们要建设的现代化是人与自然和谐共生的现代化，既要创造更多物质财富和精神财富以满足人民日益增长的美好生活需要，也要提供更多优质生态产品以满足人民日益增长的优美生态环境需要。必须坚持节约优先、保护优先、自然恢复为主的方针，形成节约资源和保护环境的空间格局、产业结构、生产方式、生活方式，还自然以宁静、和谐、美丽。"

党中央、国务院对生态文明和美丽中国建设的重视，特别是对城市与自然关系的重视已经成为核心的执政理念，将成为中国共产党解决世界性生态和环境问题所作出的巨大贡献而被写入史册，体现了党和政府对世界性难题的担当。

1.3 用生态文明理念建设与自然和谐共生的城市

党中央、国务院的生态文明和美丽中国建设，特别是城市建设的大政方针，为建设城市与自然和谐关系指明了方向，制定了目标。行动和改变则成为城市决策者和规划建设者所必须承担的责任。问题导向寻求解决的途径和对策，是行动的基本路径。围绕上述城市与自然不和谐的关键问题和挑战，本书从理念、方法和策略方面讨论了修复和重建城市与自然和谐关系的解决之道。

第一，本书阐明了未来城市建设的目标与理念，建立了城市与自然和谐共生的内在逻辑，即：自然通过提供生态系统服务而影响人类福祉[1]，城市与自然和谐共生的本质是自然能持续提供充足的高品质的生态系统服务，满足人类对生存的需求和对美好生活的向往，所以，保护与修复自然山水林田湖草生命肌体，使它能给城市和居民提供健全的生态系统服务，是实现城市与自然和谐共生的基本价值观、

[1] 人类福祉（human well-being 或 welfare）是一个综合且模糊的概念，目前还没有统一的定义。《韦氏词典》对"well-being"一词的解释为"一种良好且满意的状态"或"健康、幸福、繁荣的状态"（http://www.merriam-webster.com/dictionary/well-being）。可见，福祉反映的是一种人类理想的生活状态，包括健康、幸福和繁荣等元素，人们感觉良好并满意。

审美观和理念。必须将传统生态智慧与现代科技相结合，集成为生态文明的解决之道，来系统协调当代城市与自然的关系。

第二，变革城乡规划方法，生态优先，保护、修复和重建城市与自然和谐的空间格局。构建自然景观的生态安全格局，保障城市免受洪水和地质灾害等自然过程的威胁，同时能"望得见山、看得见水、记得住乡愁"。

第三，基于自然的生态设计，进行生态修复和海绵城市建设，维护山水林田湖草生命共同体的连续性和完整性，使城市具有良好的生态基础设施，提供干净的空气、水和食物，具有调节内涝和降解污染、缓解热岛和雾霾、承载多样化生物的功能，同时能为居民提供高品质的生态休憩和审美启智的机会（图1-2）。

第四，推动城乡生产生活方式的革命，推行节能减排的生产方式和环境友好的绿色生活方式，营造碧水蓝天、鱼翔浅底的自然环境。

总之，生态文明建设是中国共产党关于构建人类命运共同体、维护地球生命的可持续性和建设"美丽中国"的核心理念，也是中国政府对国际社会的承诺和对人类的一项巨大贡献。建立城市与自然的和谐关系是生态文明和"美丽中国"建设的关键任务。从客观分析和认识当代中国城市与自然的生态关系问题出发，以生态文明建设理念为指引，规划协调城市与自然的空间格局，健全自然生命有机体；以生态系统服务为导向，基于自然的生态修复和海绵城市建设途径，推动绿色生产生活方式的变革，是重建人与自然、城市与自然和谐关系的必由之路。

图 1-2　构建绿色生态基础设施，协调城市与自然的和谐关系

02

当代城市与自然关系的
生态困境

● 当代城市面临的问题是生态环境遭到破坏，洪涝和地质
 灾害频发，空气和水土污染严重，自然服务丧失，人民
 的生命财产安全和健康福祉得不到保障。

● 产生这些问题的表面原因在于城市与自然的空间格局关
 系不和谐，自然生命肌体自身的健康被损害，不良的城
 市生产生活方式造成高消耗和高排放。

● 更深层原因在于人类对人与自然关系的误解和"人定胜
 天"工业文明思维的滥觞。

40 多年的快速工业化、城市化和大规模的基础设施建设，使中国大地发生了翻天覆地的变化，成就举世瞩目。同时，城市与自然的生态关系也遭到了前所未有的破坏，主要面临以下四个方面的问题与挑战。

2.1 城市与自然的空间格局关系不和谐

城市选址和空间布局与自然山水格局和过程关系不适应，是城市与自然不和谐的根本，是众多城市面临生态安全问题、自然灾害和风险之根本原因。

自然生态系统为人类的社会经济系统提供生态系统服务，良好的自然生态系统服务关乎城市及其居民的生存和生活品质。这些服务的质量取决于自然生态资产本身的质量，也取决于自然生态系统的空间结构和自然过程的健康性和完整性。不同的空间结构，有不同的生态功能。所以协调城市与自然生态系统的关系不是一个量的问题，而是空间结构和质的问题。然而由于城市选址不当、老城市的扩张和无序蔓延以及大规模的基础建设活动，侵占了提供自然服务的生态空间，人与自然相互依存的生态安全格局（Ecological Security Pattern）被打破，城市安全受到自然过程的威胁：洪涝灾害频发，地震、滑坡和泥石流等地质灾害频发。因此，保护和修复城市与自然之间的空间格局关系，保障城市的生态安全，建设韧性城市[1, 2] 迫在眉睫。

当代中国城市与自然之间不和谐的空间格局关系体现在两个方面：其一是城市选址，即城镇化发展区域或城市作为一个整体与自然格局的空间关系问题；其二是城市中的生态空间，即内部自然系统与建成区基底之间的空间关系问题。

1 韧性城市，又称为"弹性城市"。"韧性"的概念最早由美国生态学家霍林于 1973 年在其著作《生态系统韧性和稳定性》中提出，用来描述生态系统在受到外力破坏时，能较快地恢复到原来的状态，并保持系统的结构和功能不变的能力。城市是一个生态系统。韧性城市，尤其生态韧性城市，是指城市受到各种自然灾害，诸如地震、火山、台风、暴雨等冲击时所表现出的抗性、耐性和破坏后的修复能力。韧性城市对不确定因素的抵抗力、自身的恢复能力和适应能力较强，并具有发展和更新的能力，具有多元性、冗余性、适应性等特点。

2 Teresa Barata-Salgueiro and Feyzan Erkip, "Retail Planning and Urban Resilience—An Introduction to the Special Issue," Cities 36（2014）: 107-111.

知识链接：生态安全格局

生态安全格局是景观安全格局（Security Pattern，简称SP）的一种，即维护生态过程安全和健康的关键性空间格局。景观安全格局把景观过程，包括城市的扩张、物种的空间运动、水和风的流动、灾害过程的扩散等，作为通过克服空间阻力来实现景观控制和覆盖的过程。要有效地实现控制和覆盖，必须获得具有战略意义的关键性景观元素、空间位置和联系。这种关键性元素、战略位置和联系所形成的格局就是景观安全格局，对维护和控制生态过程或其他水平过程具有异常重要的意义。根据景观过程之动态和趋势，判别和设计景观安全格局。不同安全水平上的安全格局为城乡建设决策者的景观改变提供了可辩护策略。景观生态安全格局理论在区域生态基础设施（Ecological Infrastructure，简称EI）建设中的意义在于它在有限的国土面积上，以最经济和高效的土地格局，维护生态过程的健康与安全，控制灾害过程，为实现人居环境的可持续性提供了可能，是城市生态基础设施建设的基本路径。与生态安全格局相对应的还有农业生产安全格局、视觉安全格局、文化遗产保护安全格局、游憩过程安全格局等。[1, 2]

2.1.1 自然中的城市：城镇化布局及城市选址不当或盲目扩张导致生态风险

（1）洪水灾害

在宏观的国土尺度上，由于山多地少、季风气候盛行，以及人口分布不均、集中分布于平原地区的客观条件，我国洪涝风险分布区和人口及社会经济分布区在空间上高度重合，随着工农业生产活动和城市建设活动日益侵占和改变天然的洪水调蓄空间，洪水灾害风险越来越大（图2-1、图2-2）。[3, 4]

在区域尺度上，城市空间无序扩张和蔓延，像大地上的一个毒瘤，挤占水系空间，导致河漫滩和湿地等大面积消失，自然山水格局的完整性和连续性遭到破坏，大地景观破碎化，大面积硬质铺装和过度用水致使地下水位下降，进而导致生态承载力下降、生态系统结构和功能退化、生态代谢过程失调，最终影响城市的生态系统服务功能，包括城市气候、水文和生物多样性的变化等。[5]

1　Yu K.J., " Ecological Security Patterns in Landscape and GIS Application," *Geographic Information Sciences* 1, no.2 (1995): 1-17.

2　Yu K.J., "Security Patterns and Surface Model in Landscape Ecological Planning," *Landscape and Urban Planning* 36, no.5(1996): 1-17.

3　俞孔坚、李海龙、李迪华、乔青、奚雪松：《国土尺度生态安全格局》，《生态学报》2009年第29卷第10期。

4　俞孔坚、李迪华、李海龙、乔青：《国土生态安全格局：再造秀美山川的空间战略》，中国建筑工业出版社，2012，第30-33页。

5　王如松：《生态安全·生态经济·生态城市》，《学术月刊》2007年第7期，第5-11页。

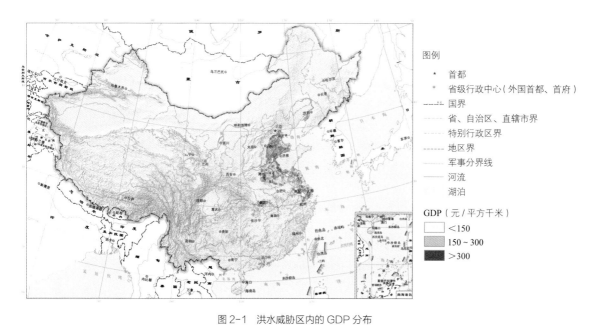

图 2-1　洪水威胁区内的 GDP 分布

图片来源：俞孔坚、李迪华、李海龙、乔青：《国土生态安全格局：再造秀美山川的空间战略》，
中国建筑工业出版社，2012，彩图 7

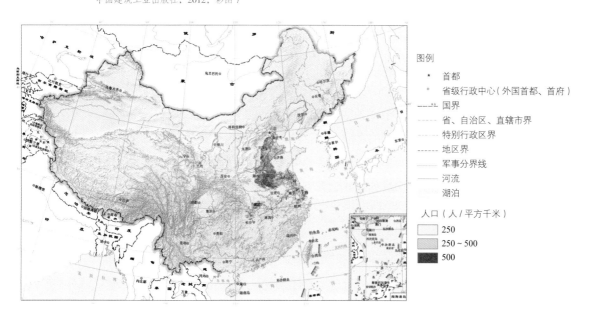

图 2-2　洪水威胁区内的人口分布：中国最大的洪水淹没范围只占中国国土面积的 6.2%，
进一步研究发现，中国近 70% 的人口和近 70% 的年 GDP 产出，分布在 6.2% 的洪泛区内

图片来源：俞孔坚、李迪华、李海龙、乔青：《国土生态安全格局：再造秀美山川的空间战略》，
中国建筑工业出版社，2012，彩图 8

　　以北京为例，城市扩张基本上采取沿环路向外扩展的方式，由二环向三环、四环、五环、六环逐渐向外扩展，未充分考虑城市与自然生态的空间格局关系，总体形态基本保持向西、北重要生态空间蔓延，威胁城市安全（图 2-3）。而在扩张过程中，大量河流系统被裁弯

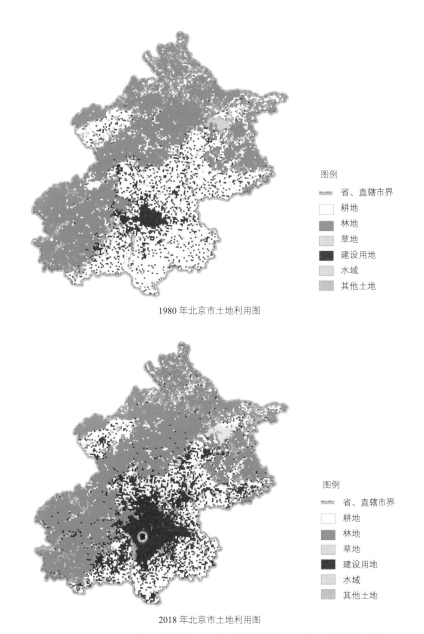

图例
- ╌╌ 省、直辖市界
- ☐ 耕地
- ■ 林地
- ▨ 草地
- ■ 建设用地
- ▨ 水域
- ▨ 其他土地

1980 年北京市土地利用图

图例
- ╌╌ 省、直辖市界
- ☐ 耕地
- ■ 林地
- ▨ 草地
- ■ 建设用地
- ▨ 水域
- ▨ 其他土地

2018 年北京市土地利用图

图 2-3　1980—2018 年北京城市向西、北重要生态空间方向蔓延式的扩张对比

数据来源：中国科学院资源环境科学数据中心 http://www.resdc.cn

取直，大量河漫滩和洪水滞蓄区被用作城市建设用地，城市的洪水适应能力大大下降，城市洪涝风险加剧。

以"7·21"北京暴雨带来的洪涝灾害为例，2012 年 7 月 21 日早 8:00 到 22 日早 8:00，北京西北部山区降下 200～300mm 雨水，虽然仅为 60 年一遇的强降雨，但由于历史上的洪水滞蓄空间被侵占，河流廊道的自然形态被严重破坏，城市受到洪水的严重侵袭，受灾面积达到 14000km²，200 万人受灾，79 人丧生，直接经济损失达到 100 亿元人民币。城市建设没有尊重洪水的安全格局，侵占了水的空间，受到大自然的报复。只要比较一下北京市域的水安全格局和 79 人溺死地点（图 2-4），就可以清楚地看到城市建设与水安全格局在空间上的矛盾激化是导致洪涝灾害的原因之一。

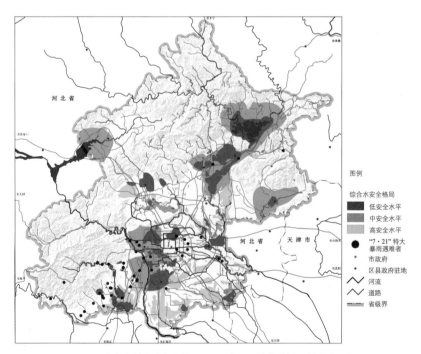

图 2-4　北京市域的水安全格局和 79 人溺死地点比较：城市建设与水安全格局在空间上矛盾的激化是导致洪涝灾害的主要原因

图片来源：俞孔坚，《海绵城市——理论与实践》，中国建筑工业出版社，2016，第 125 页

（2）地质灾害

地震发生于地壳板块之间的断裂带。我国大陆位于欧亚地震带东端，大陆东侧及西南侧分别受太平洋板块和印度洋板块的推挤作用，地震活动及地震灾害历来十分频繁。而局地人口密集、耕地稀缺等特点，导致中国城市的选址和扩张面临严重的地震灾害风险。据《中国地震烈度区划图》记载，我国有 41% 的国土、一半以上的城市位于地震基本烈度 7 度或 7 度以上地区，6 度及 6 度以上地区占国土面积的 79%。以 2008 年四川汶川地震为例，受灾严重的汶川、北川县城均建在四川龙门山地震断裂带上，城市建在了不该建的自然地质灾害多发区或超过了其能承载的人口和开发强度，造成了严重的生命和财产损失：遭受严重破坏的地区超过 10 万平方千米，共造成 69227 人死亡，374643 人受伤，17923 人失踪，直接经济损失8452 亿元。[1]

1 百度百科，5·12 汶川地震，http://baike.baidu.com/item/5·12 汶川地震/11042644?fr=kg_qa。

2.1.2 城市中的自然：自然空间受到胁迫导致生态韧性降低

除了城市向自然盲目扩张危害城市的生态安全以外，城市内部在不断填充挤压的过程中，自然系统不断消失，导致城市作为一个生命肌体的生态韧性降低或丧失。以享有"百湖之城"的武汉为例（图 2-5），大小湖泊曾经在武汉三镇星罗棋布，20 世纪 50—60 年代，武汉市区尚有 127 个大小湖泊，到了 20 世纪 90 年代初，武汉中心城区主要湖泊仅剩下 35 个，总面积仅 $63.33km^2$，就连武汉人为之自豪的东湖，短短几十年便减少了 $0.729km^2$。湖泊数量的大大减少，导致城区自我调蓄雨洪的能力下降，近年来内涝愈发严重。[2] 其他城市也普遍面临同样的问题，如山东菏泽，历史上为应对黄泛区的低洼水涝和洪水的风险，形成了内方外圆两圈城防，外圈圆形城墙专门用来防范黄河泛滥带来的洪水风险，而城市中则形成了 72 个大小不一、分布均匀的坑塘和湖泊，有效解决了城市内涝。在 40 多年的城市扩张

2 周庆华、姜长征：《城市建设与城市自然环境及人文环境的关系研究》，《建筑设计漫谈》2015 年第 45 卷第 12 期。

1　俞孔坚、张蕾：《黄泛平原古城镇洪涝经验及其适应性景观》，《城市规划学刊》2007 年第 5 期。

过程中，这些基于自然的防洪抗涝系统却遭到严重破坏（图 2-6）。[1]

据国家防汛抗旱总指挥部统计，2007—2015 年，我国超过 360 个城市遭遇内涝，几乎占全国城市数量的 2/3。每当雨季来临，"城市看海"便成为绕不开的话题，造成的直接经济损失每年数以百亿元计。究其原因，很大程度上是城市扩张过程中，原有的自然水文过程被破坏，同时没有给自然留下足够的空间来进行自我调节，城市的水韧性丧失。

图 2-5　湖北武汉市沙湖湖面变化情况（左）和武汉城市内涝灾害（右）
图片来源：左，作者自绘；右，葛凡华　摄

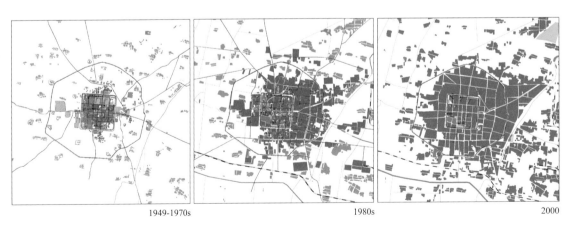

1949-1970s　　　　　　　　　　1980s　　　　　　　　　　2000

图 2-6　山东菏泽 1960-2000 年城区平面图对比，坑塘湖泊数量急剧减少，导致内涝严重
图片来源：俞孔坚、张蕾：《黄泛平原区适应性"水城"景观及其保护和建设途径》，《水利学报》2008 年第 6 期

此外，中国城市其他方面的生态韧性也非常低下，包括对城市热岛的调节能力，对诸如流感病毒扩散的抵御能力，对风灾的抗性和韧性，对城市噪声的消减能力，对城市水体的面源污染削减能力，对雾霾的消减能力，以及一旦城市发生诸如火灾和地震时的避难和逃生空间缺乏，等等（图 2-7）。城市这些生态韧性的变化，都与城市中自然资产的质量、城市自然生态系统的连续性和完整性以及自然生态系统的分布格局有直接的关系。

不和谐的城市与自然的空间格局关系，不但直接导致城市生态安全问题频发，同时严重损害了城市的风貌和品质，影响城市的宜居性。所谓"望得见山、看得见水"，其实质就是城市与自然有和谐的空间关系。

图 2-7　上海浦西：拥挤绵延的中国大城市，自然空间缺乏，导致城市生态韧性降低，连必要的逃生空间都缺乏

2.2 自然的生命肌体不健全

不尊重自然，对自然缺乏呵护，对其提供的生态系统服务缺乏认识，片面依赖工业文明的成果和技术，导致城市所依赖的自然生命系统本身不健全或自然资产品质低下，使自然无法为城市与居民提供生态系统服务。

山水林田湖草[1]是一个生命共同体，它与城市一起构成一个整体人类生态系统（Total Human Ecosystem，简称 THE），山水林田湖草作为一个完整的自然系统，是城市可持续发展的基础，为城市提供多种生态系统服务。因此，维护山水林田湖草生命系统的健康对人类的可持续发展至关重要。然而不合理的人类开发建设活动以及自然元素被长期分割的管理体制，使得山水林田湖草生命共同体本身的健康遭到损害：自然景观破碎化，山脉被大型的基础设施和工程建设无情切割，河流被裁弯取直，拦河筑坝及使河道硬化等的灰色工程，"三通一平"的城市建设模式（图 2-8）。它们粗暴地破坏了自然生态过程的

1 山水林田湖草是生命共同体。生态是统一的自然系统，是相互依存、紧密联系的有机链条。人的命脉在田，田的命脉在水，水的命脉在山，山的命脉在土，土的命脉在林和草，这个生命共同体是人类生存发展的物质基础。

——习近平总书记 2018年 5 月 18 日在全国生态环境保护大会上的讲话。

图 2-8　自然景观破碎化：在城市建设中，遍布中国南北的山水林田湖草生命共同体遭受无情的破坏，城市中的自然受到严重威胁

连续性和完整性,切断了风、水、物种、营养等自然过程的流动和循环(图 2-9)。如何建立一系列格局完整、过程健全的生态基础设施,维护和修复山水林田湖草生命共同体的安全和健康,是实现城市与自然生态和谐的另一个关键。

图 2-9 山水林田湖草生命共同体:大理历史上,苍山上的雨水经过森林植被过滤和滞蓄调节,缓缓流向平原,灌溉良田;田里溢流出的养分被长满植被的河渠湿地净化过滤,汇入洱海,湖水清澈见底(上:2007 年)。然而,工业化的农业生产、过度的化肥和农药,加上"三面光"的灌渠系统,彻底毒化了山水林田湖草生命共同体,导致洱海大面积污染(下:2017 年)

1 Zev Naveh and Arthur S. Lieberman, *Landscape Ecology: Theory and Application*（New York: Spring-Verlag, 1984）, pp.22-32.

2 王云才、石忆邵、陈田:《传统地域文化景观研究进展与展望》,《同济大学学报:社会科学版》2009 年第 20 卷第 1 期。

知识链接：整体人类生态系统

整体人类生态系统[1]是指在人与自然相互作用的过程中，人在特定自然环境中随着对自然的认识逐步深入，形成的以自然生态为核心，以自然过程为重点，以满足人的合理需求为根本的人—地技术体系、文化体系和价值伦理体系，它随着对环境认识的深入而不断改进，寻求最适宜人类存在的方式和自然生态保护的最佳途径，即人地最协调的共生模式，综合体现协调的自然生态伦理、持续的生产价值伦理及和谐的生活伦理。其内涵包括：[2]

（1）景观形成的历史过程，是人与自然环境高度协调和统一发展的结果。

（2）人与自然是平等的生态关系。既不是以人类为中心的人本主义，也不是以自然生态为中心的环境主义，而是人地协调的生态价值伦理。

（3）自然要素、生态过程与生态功能充分体现地方性和自然性特点，并得到持续利用和延续，维持自然生态的稳定性。

（4）人在认识、利用和改造自然的经济活动中形成的产业体系，控制在与自然环境相适宜的产业类型、生产规模和强度内，自给自足成为摆脱超负荷生产行为的根本。

（5）人类经历长时间的历史发展，形成、积累和继承了大量的地方文化，并逐步形成了代表一个地方、独具特色的文化体系。它是人与自然、人与人不断交换自己的认知并逐步形成、固定下来的自然崇拜、文化崇拜、人类崇拜以及相应的价值观念。地方文化是人类的文化，更是自然的文化。

（6）传统的整体人文生态系统是历史的和古典的，是农业社会的产物，已经成为现代社会中最珍贵的文化遗产。

3 俞孔坚、李迪华:《城市景观之路——与市长们交流》, 中国建筑工业出版社, 2003, 第 129 页。

知识链接：生态基础设施

生态基础设施，又被泛称为"绿色基础设施（Green Infrastructure, 简称 GI）"，对应于城市中由钢筋水泥构建的基础设施——灰色基础设施（Gray Infrastructure）。生态基础设施是城市所依赖的自然系统，是城市及其居民能持续获得生态系统服务的基础，其生物、土壤、植被和水体等作为生态支持系统，保障城市的生态平衡与安全。生态基础设施不仅包括一般所说的城市绿地系统，而且更广泛地包括一切能提供上述生态系统服务的大尺度山水格局、城市公园、城市水系和滨水区、林业及农业系统、自然保护地及开放空间系统等。[3]

2.2.1 自然景观破碎化

当道路、基础设施、建筑和农业活动穿过自然景观时，便把那些原来完整的自然森林、水体、湿地、草原和田野等切割为越来越小的景观单元，这种景观的破碎化，使原来各物种赖以栖息繁衍的生境破碎化，破坏了生态系统和自然过程，如动物、植物和水的移动及相互作用。

2.2.2 水文过程被阻隔

在所剩无几的水流穿越城市的时候，人们往往不惜血本拦河筑坝，以求提高水位、"美化"城市，使河流丧失自然形态，这实际上破坏了河流的连续性，使河流连通性受到阻隔，流水变为死水，河水富营养化加剧，水质下降（图 2-10）；同时，给水中及河流两岸的生物迁徙和繁殖、鱼类生长和洄游都带来毁灭性的生态灾难。以长江中的中华鲟为例（图 2-11），1998—2017 年中华鲟繁殖群体数量呈明显波动下降的趋势，2013、2015、2017 年没有观察到野外繁殖。此外，河流自然形态的改变，也极大影响人的审美和休闲体验。

图 2-10　拦河筑坝：不幸被拦腰截断的河流，失去了本来的天性，河水污染加剧（左）；城市扩张中，河流湿地被填埋，用作建设用地（右）

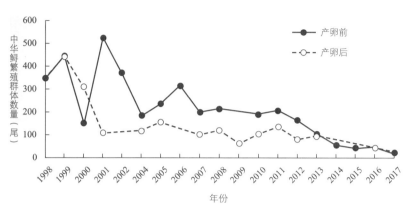

图 2-11 1998-2017 年中华鲟繁殖群体数量变化
图片来源：中科院水生生物研究所

2.2.3 水、土、生物、营养等元素的生态关系被分割

过度使用工业文明的成果，如钢筋水泥等材料和灰色工程技术，包括以"三面光"的水泥河道、灌渠及管道替代自然的水岸，导致水、土、生物自然元素被分割（图 2-12）。自然生态系统各元素之间的物质流、能量流和信息流被隔断，生物之间的食物链和营养流被切断，导致水体自净能力下降、地下水得不到补充、滨水栖息地消失、生物多样性丧失。

图 2-12 过度工业化：城市河道和农田灌渠被水泥硬化，
导致水、土、生物元素被分割，丧失生态功能

2.3 城市所能获得的自然服务逐渐丧失

自然之于城市的意义在于它所能提供的自然服务。但是，由于以下两个方面的原因，当代城市的自然服务能力严重下降。

2.3.1 自然生态系统自身不健全，导致其提供生态系统服务的能力下降，甚至丧失

人类对自然资产掠夺性的开发和破坏性的建设活动变本加厉，自然生态系统不堪重负，所谓"泥菩萨过河，自身难保"，其为城市及居民提供的生态系统服务质量下降，各种"城市病"凸显，严重威胁居民生存环境，更无法奢谈生活品质的提高。

2.3.2 城市建设过分依赖工业文明的成果和技术，无视自然系统所能提供的免费的生态系统服务

我们长期以来凌驾于自然之上，通过单一而片面、粗暴而直接的工程思维和手法来满足自己的欲望和诉求，来解决城市的问题，往往在片面解决了某一问题的同时，却陷入了一轮又一轮的恶性循环中（图 2-13、图 2-14）。例如我们忽视自然河道的调节能力，不惜每年斥巨资修建强悍的钢筋水泥大堤来防洪，却加大了水流的破坏力，下游城市面临的洪涝风险更大；我们无视自然河流、湖泊和湿地的自我调节服务，而热衷于在城市中布设更加粗大的管道和更大功率的水泵来排除内涝，把珍贵的雨水排入大海，使地下水位逐年下降，这样的灰色基础设施却缺乏韧性，无法适应季风气候下的强降雨，结果城市突发性的内涝风险更加严重；我们忽视自然的生态适应性和自然水文过程，而热衷于跨流域调水来解决城市的缺水问题，将局地的问题转嫁给异地，在全国总体水资源匮乏的前提下，使区域性的水危

机演变成了全国性的水危机；我们无视自然水系统的自我净化能力，而过分依赖高耗能的工业化污水净化设施，试图解决污染问题，对大范围的面源污染、75% 的地表水污染和日益严重的地下水污染却束手无策。

因此，节制使用工业技术和灰色工程措施，避免对自然系统造成更多的人为干扰，修复和增强土地和自然系统的自我调节能力，全面提升自然的生态系统服务功能，以此增强城市应对生态灾害的韧性，是实现城市与自然生态和谐的关键。

城市内涝

河流干涸

空气污染

生态之美丧失

图 2-13 "城市病"：内涝、污染、雾霾、生态之美丧失等

图片来源：左上，吴珊珊 摄；右上，俞孔坚 摄；左下，李迪华 摄；右下，俞孔坚 摄

图 2-14　河道渠化硬化工程：流经中国的河流鲜有未被截流渠化和拦河建坝的，工业化的河道治理工程不能从根本上解决城市的水环境问题，反而导致系统性的生态环境恶化（清华园中的玉泉河）

2.4 高耗高排的生产生活行为

基于工业革命成果的生产方式，以及基于消费主义的价值观和审美观的生活方式，带来高消耗和高排放的恶果，使自然生态系统面临巨大冲击，人类和城市的整体自然环境面临危机。

在自然生态系统中，物质和能量流动是一个由"源—消费中心—汇"构成的、头尾相接的闭合循环流。因此，大自然没有废物。[1] 而在现代城市生态系统中，物质和能量流动过程是单向的，不闭合、不循环。因此在人们生产和消费的同时，资源能源高消耗，废弃物及排放物增加，导致水、大气和土壤等环境污染，加上自然的河湖湿地等自然景观构成的生态基础设施被破坏，自净能力大大减弱，导致人类生产生活所排放的废物远远超出自然的自净能力，湖泊、海域、河流和湿地大面积处于缺乏生命力的"死亡状态"。如渤海湾、太湖、滇池等大面积水域富营养化，在生物学意义上都已经被宣告死亡或濒临死亡（图 2-15）。

1　沈清基：《城市生态与城市环境》，同济大学出版社，1998，第 10-15 页。

27

图 2-15 处在死亡边缘的渤海湾（左）与处在死亡边缘的滇池（右）

2.4.1 单向线性的粗放生产方式，资源能源消耗巨大，利用低效

2018 年中国人口占世界的 19%，GDP 占世界的 15%，而资源的消耗量及大宗原材料的消耗却占世界的 50% 左右。与被称为"世界最浪费国家"的美国相比，中国 2011—2013 年 3 年的水泥消耗量超过美国 20 世纪 100 年的消耗量（图 2-16）。与此同时，低效能的生产方式导致超常的大量排放。2014 年我国单位 GDP 能耗为 175 吨石油 / 百万美元，为世界平均水平的 1.4 倍。2015 年万元国内生产总值（当年价）用水量为 90m³，为世界平均水平的 2 倍。我国矿产资源总回采率仅为 30%，比世界平均

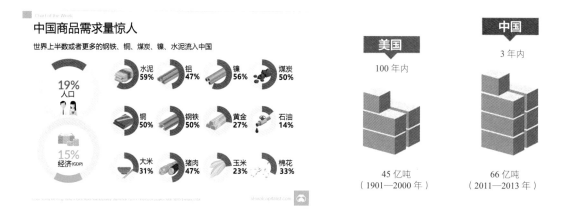

图 2-16 2018 年中国主要资源和原材料的消耗量及 GDP 总量占世界的比例，中国 3 年消耗的水泥，相当于美国 20 世纪 100 年的消耗

图片来源：左，Jeff Desjardins, "China's Staggering Demand for Commodities," *Visual Capitalist*, March 2, 2018, https://www.weforum.org/agenda/2018/03/china-s-staggering-demand-for-commodities. 右，Ana Swanson, "How China Used More Cement in 3 years than the U.S. Did in the Entire 20th Century," *The Washington Post*, March 24, https://www.washingtonpost.com/news/wonk/wp/2015/03/24/how-china-used-more-cement-ii-3-years-than-the-u-s-did-in-the-entire-20th-century/?noredirect=on

水平低 20 个百分点。自 20 世纪 90 年代以来，我国已成为温室气体排放的新兴大国，二氧化碳排放量占世界比重迅速上升，1980 年为 8.1%，1990 年为 11.3%，2005 年为 19.2%，到 2017 年提高到 28.0%（图 2-17）。

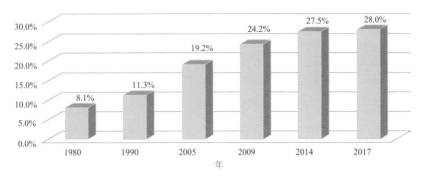

图 2-17　1980、1990、2017 等年度中国碳排放占世界总排放量比例

图片来源：World Bank,"World Development Indicator 2006,"http://documents.worldbank.org/curated/en/918311468316164759/World-development-indicators-2006; IEA,"World Energy Outlook 2007,"https://www.iea.org/weo/; IEA,"Global Energy & CO$_2$ Status Report, 2018,"https://naturalsciences.ch/uuid/ea8ab164-24eb-51ec-8400-d060b1b40048?r=20190807115818_1565135086_cdaa0c0a-950b-5784-8225-7e658d0ecc38

2.4.2　无节制的生活方式加剧资源生态环境危机

　　传统农耕时代，农民生活采取自给自足的方式，生活消耗只是为了满足基本生存需求，因而生活和生产活动对自然的干扰在大自然的承受能力之内展开，人与自然是相互依存的关系。进入工业文明时代以来，人口的暴增使人们对物质的需求急剧扩大，而现代化的发展使我们获得了利用和改造自然超强的能力，消费观念也随之改变，"奢侈消费"和"无意义消费"大量出现。[1]大量生产—大量消费—大量浪费和大量废弃是这一时代生活方式的典型特征。无节制的生活方式进一步加剧了资源环境危机。例如随着经济的增长，人们对居住舒适度的追求越来越高，家用电器、私人汽车等消费不断增多，使得碳排放量不断增长。

（1）抽水马桶加剧了水资源的浪费和污染排放

　　日常生活中，水资源没有得到充分的循环利用，导致珍贵的水资源被无端浪费、污染加剧。一个突出的例子就是抽水马桶的使用。根据相关统计数据，抽水马桶耗水量已经占我国居民生活用水量的

1　刘福森、胡金凤：《资本主义工业文明消费观批判——可持续发展的一个重要问题》，《哲学动态》1998 年第 2 期。

1　潘城文：《我国居民消费方式的转变及对策研究》，《改革与战略》，2017年第6期。

2　杨怀：《从水资源短缺谈抽水马桶革命》，《学理论》2012年第26期。

3　潘家华、单菁菁、武占云：《城市蓝皮书：中国城市发展报告 NO.11》，社科文献出版社，2018，第203-216页。

60%，[1] 冲水厕所是用 98% 的水稀释 2% 的粪便，导致水资源的极大浪费。根据第六次全国人口普查数据，目前约有 68326 万人生活在城镇，假设有 70% 的城镇人口使用抽水马桶，可推算我国城镇人口每年冲厕用水总量约在 611003 万吨，相当于 509 个杭州西湖的储水量。[2] 原来被当作农家宝贝的粪便，经冲水马桶处理，成为污染物，进入高耗能的污水处理厂，或者直接排入江河。与此同时，便宜的化肥替代了有机粪便，主导了中国的农业肥料市场。目前，我国化肥年使用量约占世界总使用量的 1/3，相当于美国、印度的总和（图 2-18）。由此产生了大量的面源污染，江河湖泊无一幸免。过度的化肥和农药使用导致土壤被毒化，耕地土壤污染面积达到 1.5 亿亩，中重度污染面积达到 5000 万亩，给食品安全、土地安全、生态安全造成较大隐患。[3]

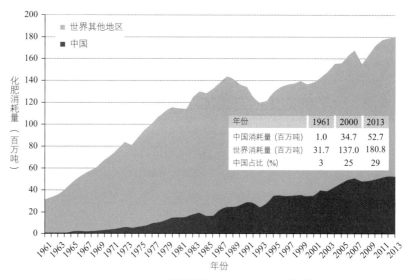

图 2-18　中国化肥消耗量（百万吨）与全球比较

图片来源：IFADATA Online

（2）一次性消费品和过度包装带来了严重的环境危害

无节制的生活方式还表现在一次性消费品使用量的激增上。人们纷纷追求一次性消费所带来的虚荣和快感。从厨房的一次性用具、婴儿纸尿布到商场泛滥的包装袋和购物袋，生活中的一次性消费品给人们带来了短暂的便利（图 2-19），但商品的废弃和对废弃物的处理不当却给自然环境带来了生态灾难。以一次性筷子为例，据统计，我国每年生产一次性筷子约 800 亿双，国内消费约 450 亿双，每年出口一次性筷子超过 1 万吨。[1] 在筷子的生产过程中，需要耗费木材 133 万立方米，相当于损耗 146km^2 森林蓄积量。[2] 而木材的有效利用率仅为 60%，加工损耗较为严重。

1 李珮：《一次性筷子引发
的是是非非》，《生态经
济》2006 年第 6 期。

2 张菲菲：《促进一次性消
费品减量升级的思路与措
施》，《再生资源与循环经
济》2016 年第 9 卷第 10 期。

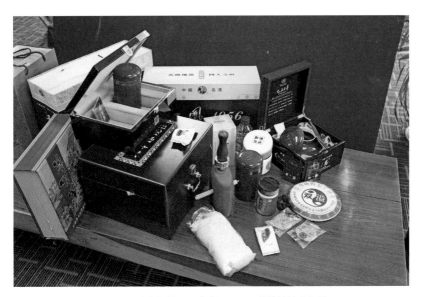

图 2-19　过度包装：日常生活用品和食物被过度包装，
导致无意义的消费，加剧了人类对环境的破坏

（3）机动车数量激增加剧了大气污染

随着我国经济社会持续快速发展，群众购车刚性需求旺盛，汽车保有量继续呈快速增长趋势。2015 年，每百户拥有 31 辆私家车，至 2018 年每百户私家车拥有量已超过 40 辆。[3] 2018 年 12 月，全国机动车保有量达 3.25 亿辆，与 2017 年底相比增加了 4.8%，其中以个人名义登记的小型和微型载客汽车达 1.87 亿辆。[4] 随着机动车保有量、能源消费量、污染排放量以及温室气体排放量的持续增加，空气质量受到了严重影响。这种车轮上的生活方式依赖大量的路面交通设施，造成大量土地浪费和自然景观的分割及破坏。

3 魏哲哲：《2015 年全国私
家车超 1.24 亿辆》，《人
民日报》2016 年 1 月 26
日第 4 版。

4 王茜：《我国机车保有量
达 3.25 亿辆》，新华网，
http://www.xinhuanet.com//
legal/2018-12/01/c_112379
3884.htm。

03

目标与理念：城市与自然的和谐共生

- 目标与理念：城市与自然和谐共生的本质是自然能持续提供充足的、高品质的生态系统服务，满足人类对生存的需求和对美好生活的向往。

- 因此，保护与修复自然的格局和生命肌体，提倡绿色低碳循环的生产生活方式，使自然能给城市和居民以健全的生态系统服务，是人类文明发展的必由之路。

3.1 城市与自然关系的历史发展观

城市是人类文明的体现和载体。人类不同文明阶段有不同的价值观和审美观，相应地有不同的城市与自然关系。生态文明是对工业文明人与自然敌对关系的批判，是对农业文明人与自然和谐共生理念和智慧及工业文明的系统科学观和先进技术成果的继承和发扬。

关于人与自然关系的认知一直以来是关乎人类安身立命的重要命题。人类与自然的关系，先后经历了三个阶段：崇拜自然的农业文明时期，征服自然的工业文明时期和与自然相协调的生态文明时期。在不同阶段，由于生产力发展水平不同，人类对于自然的认知、对于人与自然关系的认知都有天壤之别，在此认知基础上，人类生产生活和城市建设行为也相应发生了重要的变化（表 3-1）。

不同文明阶段城市与自然关系的认知　　　表 3-1

不同文明阶段	认识观		价值观			
	对自然的认识	对人与自然关系的认识	城市与自然格局	自然生态过程	基础设施技术特征	行为
农业文明	是神，是母亲	人屈从自然，通过被动适应和朴素的改造获得生存机会	基于自然经验，为了生存趋利避害的自然择地智慧	完整、连续	适应性的经验型生态智慧，自然力，多功能	自给自足、知止知足地生存
工业文明	是敌人，是资源	人定胜天，对抗和排斥自然力，掠夺资源，满足人的欲望	实现经济效益最大化的人为规划模式	破碎、阻隔	灰色基础设施，机械力，单一功能	增长导向、享受主义的物质生活
生态文明	是朋友，共生关系	天人和谐共生，人维护和完善生态系统来满足自身的诉求	基于生态本底，实现系统整体优化的综合格局	完整、连续	绿色基础设施，自然力结合现代科技，多功能	低碳节约、精准匹配的智慧生活

3.1.1　农业文明阶段：崇拜自然，"我—您"的人神关系

农业文明时期，人类依附自然，生产力水平较低，维护整体山水格局的完整和连续性是此时期人类安身立命的根本。山与水、水与田、水与生物之间的生态过程是健康和连续的，包括物质流、能量流、信息流。

在藏族的信仰中，整个青藏高原是大地女神的躯体，所有寺庙都建于其特定的穴位，因而有了神圣的意义，[1] 这和现代西方的大地女神之说是不谋而合的（图3-1），表现了人与自然"我—您"的人神关系。

1　源于西藏博物馆。

农业时代的生产是建立在农业与家庭手工业相结合的自然经济基础上的，生产模式以人力为主，辅以畜力和铁器工具。简单的再生产规模较小，生产及消费等都是为了满足人自身的需求。生活行为遵循节制节律的原则，注重资源节约、物质循环利用，呈现精耕细作的生产特征及节俭、克制的生活特征（图3-2）。

图3-1　神化自然：青藏高原唐卡

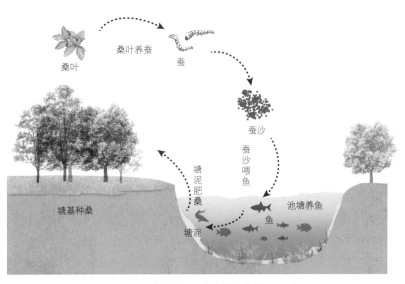

图 3-2　桑基鱼塘：没有废物的营养循环系统

1　俞孔坚：《节约型城市园林绿地理论与实践》，《风景园林》，2007 年第 1 期。

　　农业文明的城市基础设施是适应自然、巧妙利用自然的[1]。其中对水资源的利用和对水灾害的防治是塑造古代城市形态的基础，包括以天然河流和人工运河组成的交通运输网络，弹性适应洪涝的城墙堤防，用于调节旱涝的陂塘，引输供水的河渠管沟（图 3-3）。自然和人工水体与城墙、堤坝等附属要素结合在一起，形成完整的具有引水、输水、调蓄、滞水、排水、防火、防护功能的水基础设施。

图 3-3　中国古代理水智慧：元阳梯田：积累了两千年生存智慧的梯田景观，智慧地实现了水源涵养和农业可持续生产（左）；广西灵渠，通过对水流的最少干扰，满足蓄水灌溉的需要，同时不破坏自然河流的形态和生物过程（右）

3.1.2　工业文明阶段：征服自然，"我—它"的敌对关系

工业文明阶段以社会化大生产为标志，人类社会经历了"蒸汽时代""电气时代"直至"信息时代"。这一时期依托机器的专业化社会大生产解放了生产力，具有大规模和强大的改造自然资源的能力，物质空前丰富，人们的生活水平大大提高。它是一种追求提升资源转化能力和创造能力的社会文明，人类追求快速创造财富的手段和能力。人类将自然视为抗争对象，自然是敌人，是可以被利用和剥夺的资源，人与自然的关系演变为"我—它"的敌对关系。人通过对自然的控制、改造和利用，确立自己对自然的统治地位，是一种以人类中心主义为主要原则的哲学。它具有3个主要特点：对化石能源[1]及电能的有效开采和广泛利用、机械化和生产专业化。[2]这一阶段，人的主体性和尊严得以张扬，但人在对自然的认知上还是延续了农业时代的朴素认知，并没有理解宏观生态的制约关系，认为自然资源取之不尽、用之不竭。这种发展模式带来了严重的环境危机和生态恶化。隆隆的马达声和滚滚烟尘，成了城市发展的象征。20世纪发生的"世界八大公害事件"是工业革命带来的环境问题的代表案例。

1　化石能源包括煤、石油和天然气。

2　俞孔坚、李迪华：《城市景观之路——与市长们交流》，中国建筑工业出版社，2003，第180页。

知识链接：20世纪著名的八大环境公害事件

在20世纪30—60年代，因现代化学、冶炼、汽车等工业的兴起和发展，工业"三废"排放量不断增加，环境污染和破坏事件频频发生，其中具有典型性和代表性的8起震惊世界的公害事件包括：（1）比利时马斯河谷烟雾事件（1930年12月），致60余人死亡，数千人患病；（2）美国多诺拉镇烟雾事件（1948年10月），致5910人患病，17人死亡；（3）伦敦烟雾事件（1952年12月），短短5天致4000多人死亡，事故发生后的两个月内，因事故得病而死亡者达8000多人；（4）美国洛杉矶光化学烟雾事件（"二战"以后的每年5—10月），烟雾致人五官发病、头疼、胸闷，汽车、飞机安全运行受威胁，交通事故增加；（5）日本水俣病事件（1952—1972年间断发生），共计死亡50余人，283人严重受害而致残；（6）日本富山骨痛病事件（1931—1972年间断发生），致34人死亡，280余人患病；（7）日本四日市气喘病事件（1961—1970年间断发生），2000余人受害，死亡和不堪病痛而自杀者达数十人；（8）日本米糠油事件（1968年3—8月），致数十万只鸡死亡，5000余人患病，16人死亡。

1　俞孔坚、李迪华、潮洛蒙：《城市生态基础设施建设的十大景观战略》，《规划师》2001 年第 6 期。

在征服自然的认知背景下，城市选址是基于经济效益最大化的人为布局。人们"三通一平""七通一平"，斩山没谷地进行城市建设（图 3-4），平掉了城市赖以生存并能够提供免费生态系统服务的自然生命系统。这个时代，机器是万能的主宰，城市也是为机器而设计的，城市公园和绿地如同城市的商业区、生活区、办公区一样，变成了城市机器的一个个零件，高速干道和汽车成为这些功能的连接者。作为自然元素的公园绿地和城市开敞空间，被限制在红线范围内，与人们的日常生活分开，所以人们在不同的空间完成不同的活动——工作、购物、居住、休闲，人的完整生活被切割、被分裂。[1]

图 3-4　征服自然：工业文明下"三通一平"的城市建设模式，平掉了城市赖以生存并能够提供免费生态系统服务的自然生命系统，在此基础上重新规划和建设一套由钢筋水泥构建的灰色基础设施

工业文明时期建设的公路、铁路基础设施以及大型水利工程等灰色基础设施在连接人类社会活动的同时，阻碍或改变了自然生态过程的连续性和完整性，带来了许多生态环境问题，包括水文状态改变、水体富营养化、生物栖息地破碎化等。

城市基础设施强调效率优先。这些设施以工业化技术保证在特定时间内可以最高效地达成某个单一目标，却往往产生副作用。如为了防洪对河道裁弯取直，却损害了河流作为生物栖息地和迁徙廊道的功能，降低了河流为人类提供审美和启智服务的能力。这些技术呈现机械式、集中式、快速度、对抗式、异地转嫁等特征。再如集中管网排涝的灰色市政管网；河道裁弯取直使水流加速聚能，破坏力反而增加；以及刚性对抗的城市防洪堤坝、高耗能的工业化污水处理厂等。

享受工业文明成果的城市，生产生活方式从自给自足转向了相对富足的状态，生产及消费资料全部或者大部分通过市场交换获得。追求以极大可能及高效的方式掠夺资源以满足人类的欲望，成为生产者不断进取的动力。农业时代节制的生产生活行为被彻底摒弃，物质循环被打破，导致资源浪费以及大量废物排放，城市生态环境问题突显。

3.1.3 生态文明阶段：与自然相协调，"我—你"的朋友关系

生态文明阶段是工业文明阶段高度发展的产物，它不同于上两个阶段，但同时也继承了上两个阶段的优点。生态文明阶段人与自然的关系是一种新的共生关系，形成人类世生态系统；急速工业化和城市化引发的生态危机成为 20 世纪以来人类面临的最严峻的生存挑战，工业时代过度人工化带来的恶果不亚于农业时代直面自然的残酷。这一切使人们开始重新思考人与自然的关系：从 20 世纪 60—70 年代开始，蕾切尔·卡森（Rachel Carson）的《寂静的春天》把人们从工业时代的富足梦想中唤醒；林恩·怀特（Lynn White）揭示了环境危机的根源来自西方文化的根基，即"创世纪"本身；加勒特·哈丁（Garrett Hardin）的"公地悲剧"揭示了资源枯竭来源于人类本性和资本主义经济的本质；多纳拉·米德斯（Donella Meadows）则计算出地球资源的极限，警示人类面临着生存的危机；[1] 悠久的东方哲学思想重新得到重视。现代生态科学进一步揭示出人与自然的深层关系——人类和

1 俞孔坚、李迪华、吉庆萍：《景观与城市的生态设计：概念与原理》，《中国园林》2001 年第 6 期。

自然是统一在复杂生态关系里的关联体，它们组成一个共生系统。自然生态系统不但具有生产功能，还具有调节、生命承载及文化服务等功能。相应地，人类和自然不再是单向顺应或依赖关系，或征服和掠夺的关系，而是一种双向的互动关系，是互助共生的朋友关系。

由于成功的农业文明主宰了中国近五千年之久，而匆匆到来的工业化和城市化异常迅猛，很快就已经让整个社会饱尝了工业文明的成果，同时也迅速饱受了其带来的副作用，对生态文明的期盼随即有幸成为执政者的主导意识。所以，中国社会实际上处于三个文明阶段交叠的状态。至少中国政府已经认识到了自然与人类是朋友的关系，自然为人类社会提供生存和生活必须的生态系统服务。

生态文明理念下，城市的选址及布局必须基于生态本底，通过主动维护和适应自然来实现城市与自然构成的整体人类生态系统的全面优化，以满足人的诉求。自然馈赠人类以绿水青山，生态文明理念要求人类必须设计、建设遵从自然山水、人与自然相和谐的城市，让城市有鸟语花香，让城市有鱼翔浅底，让城市与山水共荣。

生态文明主张基于自然的解决之道，优先考虑规划和构建生态基础设施，来获得免费的生态系统服务。不同于工业时代单一功能导向

知识链接：人类世生态系统

人类世生态系统（Novel Ecosystem），也称"新生态系统"，指自然生态系统在人类干扰下，或人类管理的生态系统在停止管理的情况下形成的、栖息地环境和物种结构发生变化的生态系统，这些干扰包括气候条件和土地利用类型的改变，以及人类人力物质和信息干扰的撤除。

人类世生态系统是介于完全自然过程作用下的生态系统（Wild Ecosystem）和人类设计管理控制下的生态系统（Managed Ecosystem）之间的一类生态系统。作为生态学中的新兴生态系统，人类世生态系统是由人类行为、环境变化与外来物种引入而引发形成的新的物种组合，现已被越来越多地用来反映城市自然的整体性，并为城市规划、设计和管理提供信息和指导，以满足人类世时代的人类需求。

的以工业技术为支撑的解决途径，生态文明主张的绿色解决途径是整体有机的、分散式的、微循环的、弹性适应的、循环闭合的、就地平衡的。

城市生产将以可再生的绿色能源为主要动力，依托信息的社会化大生产。区别于以往依托家庭的农业生产、依托机器的专业化工业生产，它是以信息获取为推动力的一种绿色生产体系，它具有理性、和谐、循环、再生、节约、废物资源化等特征。生活行为则区别于工业时代的高消费高排放方式，追求以绿色低碳为价值观和审美观的新的生活方式。

3.2 生态文明时代协调城市与自然关系的核心理念

从生态系统服务与人类福祉的关系，来认识自然与城市的关系，彻底改变了工业文明理念下简单地将自然作为物质生产生活资源的认识，阐明了"绿水青山就是金山银山"的深刻逻辑关系。健康的自然是满足人类生存和对美好生活需求的根本。

所以通过协调城市与自然山水的整体空间格局关系，健全自然生命系统的连续性和完整性，使其能提供优质的生态系统服务，推行绿色生产和生活方式以减少人对自然的影响，是建设城市与自然和谐共生的核心理念。这个理念体现在四个方面：其一，格局和谐的理念：城市的安全、健康和可持续发展，依赖自然山水格局的荫护，建立城市与自然和谐共生的空间格局是首要战略；其二，健全生态基础设施的理念：自然系统本身必须是完整和连续的，健康的山水林田湖草生命共同体是城市获得可持续的生态系统服务的基础，要充分利用自然系统为城市及社会提供高质量的、免费的生态系统服务；其三，基于自然的生态修复理念：优先让自然做功，进行城市生态修复和海绵城市建设；其四，绿色生产生活方式的理念：倡导低碳绿色、环境友好的生产和生活方式。这四个方面是构建和谐的城市与自然关系不可或缺的行动指南。

3.2.1　自然服务与人类福祉的关系是城市与自然生态的纽带

自然服务，即生态系统服务，是生态系统与人类福祉的中介，生态系统服务的存在依赖于自然的供给，也体现着人类的价值取向，是实现人类收益的基础（图 3-5）。生态系统服务的质量决定城市的生态安全质量、经济发展水平和精神文化品质。

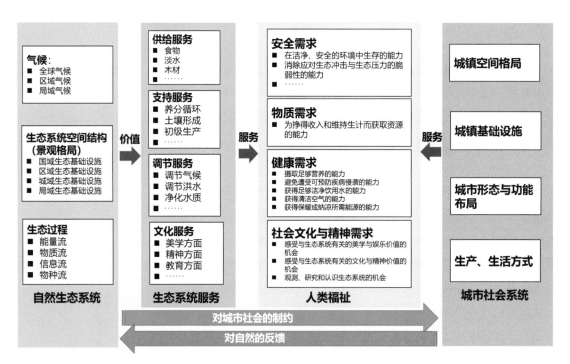

图 3-5　"绿水青山就是金山银山"的逻辑：生态系统服务与人类福祉有着紧密的联系，健康优美的自然系统是实现人民对美好生活向往的根本保障

有了对自然服务概念的认识，关于"绿水青山就是金山银山"的逻辑便顺理成章了。在自然的认识论基础上，自然与经济的关系已不能仅仅局限于将自然作为可开采和掠夺的资源，自然不仅可为我们提供生产和生活资料，满足人们的物质需求，促进经济增收，更为重要的是它能为社会提供综合的生态系统服务。在唯经济论的价值观下衡量和引导资源开发，必将导致自然的生态系统服务能力丧失，最终危及人类社会的安全和可持续发展，犹如杀鸡取卵。诸如采挖矿产资源，导致山体和植被破坏、水土流失，美景不再，潜在的旅游价值荡然无存；为生产木材而砍伐森林，则生物栖息地消失，鸟兽散尽，森林的气候调节服务和雨涝滞蓄服务消失，更失去人类必需的休憩和审美服务；如果简单地把水理解为可以用于生产和生活的资源，必穿凿地壳，攫取地下水资源，或拦截江河，或管道长距离调水，其必将导致土地塌陷、生物灭绝，更无美景供人审美启智。殊不知水也是生态系统的关键因子，是维持地域生态系统平衡、维持健康的生态过程所必需的。因此，生态系统服务便是财富，维护健康的自然生态系统就是保护生产力，就是维持人类的可持续发展，就是人类福祉之所在。[1, 2, 3]因此，"我们既要绿水青山，也要金山银山。宁要绿水青山，不要金山银山，而且绿水青山就是金山银山"。这便是"两山理论"背后人与自然关系的逻辑。

1　MA, *Ecosystems and Human Well Being: Synthesis Report*（Washington, D.C.：Island Press，2005），pp.63-69.

2　Emilia Pramova, Bruno Locatelli, Maria Brockhaus and Sandra Fohlmeister, "Ecosystem Services in the National Adaptation Programs of Action," *Climate Policy* 12, (2012): 393-409..

3　李双成等:《生态系统服务地理学》，科学出版社，2014，第 210-215 页。

知识链接：人类福祉的三个层次

《千年生态系统服务评估报告》（*Millennium Ecosystem Assessment*，简称 MA）将人类福祉的组成要素定义为安全、维持高质量生活的基本物质需求、健康、良好的社会关系和选择与行动的自由五个方面。福祉是分层次、多要素组成的复杂体系。根据生态系统服务所实现的收益，人类福祉被划分为三个层次：

福祉构建服务是指产生人类基本福祉要素的生态系统服务，主要指物质性收益，包括食物、水、能源、土地、材料和空气等收益类别。

福祉维护服务指用于维护人类已实现的福祉，并使其免受损害的生态系统服务，包括灾害防护和健康维护等收益类别。

福祉提升服务指用于提升人类福祉层次，满足人类精神需求的非物质性收益的生态系统服务，包括审美、娱乐、旅游、教育等收益类别。

1 "三叶"指茶叶、桑叶、烟叶。

2 "三张名片"指生态经济强县、生态文化大县、生态人居名县。

3 "一地四区"指创业与人居的优选地和长三角先进特色制造业的集聚区、新农村建设的示范区、休闲经济的先行区、山区新型城市化的样板区。

　　早在 2006 年，习近平总书记就对"两山理论"的三个发展阶段进行了分析，指出绿水青山和金山银山之间的关系经历了用绿水青山去换金山银山、既要金山银山也要保住绿水青山和绿水青山就是金山银山（图3-6）。"两山理论"既阐明了经济与生态的辩证统一关系，也体现了可持续、可循环的科学发展观，经济发展与生态保护二者不可分割，构成有机整体。

　　在"两山"理论的指导下，浙江省率先走上了生态文明之路，并取得了许多重要的经验和突破。浙江安吉作为"两山理论"的发源地和国家级生态示范区，是浙江省美丽乡村建设的一个缩影和代表。它从发展"一竹三叶[1]"的资源经济到"培育绿色产业、发展生态经济"，从打造"三张名片[2]"到建设"一地四区[3]"，再到全力塑造居住环境、产业、素质、服务四位一体的"中国美丽乡村"示范品牌。安吉围绕生态立县，积极探索经济生态化发展路径，正日益被建设成经济繁荣、山川秀美、社会文明的生态县。

图3-6　绿水青山就是金山银山：浙江省浦江县的广大乡村，大力治理水污染，呈现出清新明亮的美丽景观

　　根据马斯洛需求层次理论，结合人类福祉的概念和生态系统服务理论，不难看出，自然为人类提供了审美启智和休闲机会，满足人类更高层次的生理和心理需求，如科学发明和艺术创造的灵感、宗教信仰和故土依恋，即"望得见山、看得见水、记得住乡愁"的精神需求，这也是美丽中国梦的更高境界。自然也是地域文化的源头，是国家和民族认同感和归属感的源头，所谓"一方水土养一方人"（图3-7）。这主要是因为

图 3-7　自然是精神文化的源泉：中国北方的雄浑山水景观（左上），孕育了中国山水画的北方画派，代表作有北宋范宽的《溪山行旅图》（右上）；中国南方山清水秀的景观（中），孕育了中国山水画的南方画派，代表有北宋董源的《潇湘图》（下）

各种独特的动植物区系和自然生态系统在漫长的文化积淀过程中，定义了当地的生产和生活方式，塑造了本土人民的行为习惯和性格特征，孕育了独具特色的本土文化和多样的文化精神生活，塑造了多样的适应性文化景观。自然给人类的精神启迪以及在人的文化生活中的重要性是不可替代的。

3.2.2　与自然相适应的空间格局是城市安全和可持续发展的保障

城市建在什么地方以及城市如何布局，其核心便是城市与自然的空间格局关系，这是城市可持续发展的根本，也是城市能否持续获得自然呵护和自然服务的前提。设计遵循自然，以山定城、以水定城，是生态文明理念下城市与自然的空间格局观。体现在两个层面上：一是城市如何在自然中选址和定位，二是自然如何在城市基底中分布和构建。在这两个层面上城市与自然的关系共同作用，形成你中有我、我中有你的和谐的城市与自然的格局关系。

（1）自然中的城市

在国土和区域尺度上，城市之于自然犹如果实之于生命之树。有健全的生命之树，方能结出健康饱满的果实。基于国土和区域生态安全格局的科学的城市选址，是保障城市生态安全的基础，是实现千年大计的首要任务。生态文明的理念要求城市建设用地选址首先必须规避地质灾害高风险区域，远离洪涝高风险区域，选择通风良好、气候宜人的自然山水佳穴。千年城市之大计始于立地、始于脚下。历史上，许多城市选址就违背了生态安全规律，最终不可善终，这样的例子不胜枚举。中国过去的 40 多年，有 70% 的城市建设用地并没有在合适的地方选址，[1, 2] 违背了生态规律，这些城市和建成区积重难返，每年耗费大量人力物力来防范洪水，不惜斥巨资防震抗震。如果在选址之初就考虑生态安全问题，尊重自然生态安全格局和过程，自然灾害便可得到有效回避。这便是习近平总书记说的："要依托现有山水

1　俞孔坚、李海龙、李迪华、乔青、吴雪松：《国土尺度生态安全格局》,《生态学报》2009 年第 29 卷第 10 期。

2　俞孔坚、李迪华、李海龙、乔青：《国土生态安全格局：再造秀美山川的空间战略》, 中国建筑工业出版社, 2012, 第 40-42 页。

脉络等独特风光，让城市融入大自然。"

（2）城市中的自然

在城市尺度上，如何在建成区基底上布局自然生态系统，实现美丽的景观生态网络，是建立和谐的城市与自然关系的另一个关键问题。这需要在城市的总体用地布局和基础设施规划阶段解决。生态文明理念下的城市规划强调生态优先，在保护和利用自然山水格局的基础上，布局城市建设用地和基础设施。在城市中，自然之于城市，犹如中国围棋中的"气眼"，没有"气眼"的棋盘布局是没有生命力的。按照自然生态要求布局城市中的自然系统，建立对维护自然系统具有关键意义的城市生态安全格局，是实现城市与自然和谐共生的基础。人与自然和谐的城市应该是"蓝绿交织，水城相融"的城市。

3.2.3 构建山水林田湖草生命共同体与健全城市生态基础设施

城市依赖于自然提供持续的生态系统服务，而自然能否为城市提供优良的生态系统服务，取决于生态系统本身的健康状态。

生态环境问题很大程度上源于社会对生态缺乏系统认识，片面地将生态系统分解，如就水问题而谈水问题，将水与土地、生命和人文过程割裂，多采取"头痛医头、脚痛医脚"的方式，结果使生命系统及其生态系统服务功能遭到严重破坏。城市生态系统，乃至人类世生态系统是由生物和非生物系统共同组成的有机整体。因此，生态文明理念下的城市建设要摒弃就事论事的单一视角，应以全面系统的视角去看待问题和解决问题，维护和保障生态系统的安全和健康，保护山水林田湖草生命共同体。而体现这一理念的关键在于维护和强化整体山水格局的连续性和完整性。

快速城镇化和大规模的新农村建设盲目追求宽马路、拆村建镇、河渠硬化等，人为切断了生态系统的内在联系。生态文明建设要求保障生态过程的安全和健康，维护连续完整的山水格局、湿地系统、河流水系的自然形态、绿道体系，以及中国过去已经建立的防护林体系等，建立多层次、连续的生态网络。

3.2.4　进行基于自然的生态保护和修复

自然能够为城市和社会提供生态系统服务，是城市与自然关系和谐的最终衡量标准。以生态系统服务为导向，倡导和践行基于自然的生态保护和修复理念。任何工业文明成果和当代技术的使用都应该在尊重自然过程和自然力的前提下进行，而不是不惜代价地以改变场地原本稳定的生态环境为代价来实施"生态建设"。生态设计和生态修复技术的核心是自然优先，将"灰色"变绿，保护和开启自然过程，走向自我演替和调节，使城市获得高品质的生态系统服务。

1　Yu K. J.，"Creating Deep Forms in Urban Nature: the Peasant's Approach to Urban Design," in Frederick R. Steiner, George F. Thompson and Armando Carbonell（Eds.），*Nature and Cities—The Ecological Imperative in Urban Design and Planning*, Lincoln Institute of Land Policy, 2016: 95-117.

我国自然资源短缺，适宜耕作的自然条件相对于庞大的人口是极其稀缺的，这一特殊国情孕育了我国以资源节约、循环利用和精耕细作为特点的传统生产生活模式。这种生产生活模式鼓励适应自然的生态节制性行为，它对生态环境是低干扰的，给我们积淀了大量传统生态智慧，包括充分利用周边有限资源、可持续地发展、以最小投入实现最大收益、在人力所及的尺度上进行工程建设、适应自然过程和物候节律等。例如造田和地形整理采取适应地形、就地填挖方平衡的方法，以减少人力和物料运输的投入；灌溉和理水遵循自然过程和格局，利用重力作用组织灌溉；施肥和土壤改良将如今被视为河湖"污染物"的人类生活和畜牧养殖中产生的废弃物及植物材料都作为肥料回收利用；栽植与收获依从人力物力条件、物候节律等因素灵活安排种植，并巧妙利用间种套种、轮休等技术。[1]

在城镇建设中，基于自然的生态智慧比比皆是，包括利用坑塘来综合治理城市内涝，调节城市微气候，进行城市消防和风貌营造。以陂塘和低堰为景观特征的城镇水利工程，在不损害自然过程的前提下，充分利用自然力来解决城市的生态环境问题，提供综合的生态系统服务。

中国传统生态智慧反映了中华民族几千年来积累的生存经验与环境适应经验，它是践行生态文明建设、重建城市与自然和谐关系的智慧来源。我们应将传统生态智慧与现代科技结合，形成一套强调生态优先、科学高效、可复制的技术体系，其不同于工业时代依赖化石能源的高耗能、高排放的技术手段。

3.2.5 倡导绿色循环低碳的生产生活方式

随着社会生产力不断提高和物质极大丰富，大量生产、大量消费、大量浪费和大量废弃的生产生活模式加剧了资源环境危机。因此我们必须对当代城市的生产生活行为进行反思，倡导树立绿色循环低碳的生产生活行为，规范自身的行为方式，提高资源利用效率，建立循环机制，减轻生态系统的外部荷载，减少环境干扰。其核心理念体现在"3R"中，即减量（reduce）、再用（reuse）和再生（recycle），以及生产性城市或生产性景观（Productive Landscape）中。

第一，减量：生产生活中要保护与节约自然资源，尽可能减少包括能源、土地、水以及生物资源的使用。地球上的自然资源分为可再生资源和不可再生资源。着眼于自然生态系统的物质流和能量流，要实现人类生存环境的可持续，必须对不可再生资源（如石油、煤）加以保护和节约使用，将不可再生资源作为自然遗产，不到万不得已的时候不予以使用。对可再生资源（如水、森林、动物），因其再生能力有限则采用保本取息的方式。

第二，再用：在生产生活过程中，要求产品和包装容器、日常生活用具能够以初始的形式被反复使用。再用原则要求抵制当今世界一次性用品的泛滥，生产者在设计产品及其包装时应把它们当作一种日常生活器具，使其像餐具和背包一样可以被再三使用。再使用原则还应该要求制造商尽量延长产品的使用期，而不是频繁且快速地更新换代。在工程建设中，充分利用废弃的土地以及原有材料，包括植被、土壤、砖石等服务于新的功能，可以大大减少资源和能源的消耗。

1　贾素红：《走向循环经济》，《区域经济评论》2005 年第 9 期。

第三，再生：当代生态理念下，城市是一座富矿，充满可利用的资源和能源，无论是水和垃圾都可以得到循环再生。低碳建筑，甚至零碳建筑，都已经不是幻想。生产出来的物品在完成其使命后要能重新变成可以利用的资源，而不是不可恢复的垃圾。按照循环经济的思想，再循环有两种情况：一种是原级再循环，即废品被循环用来产生同种类型的新产品，例如报纸再生报纸、易拉罐再生易拉罐等；另一种是次级再循环，即将废物资源转化成其他产品的原料。[1]原级再循环减少原材料消耗的效率要比次级再循环高得多，是循环经济首要追求的目标。

第四，生产性景观：城市不仅仅是物质和能源的消费者，也可以是生产者，或成为负碳城市，如农业都市主义、"可食用"的景观、"可用"的城市等（图 3-8）。包括利用城市绿地、建筑屋顶来生产蔬菜、瓜果和粮食，减少食物长距离运输带来的能源消耗，同时创造一种新的都市生活方式和社区环境。

图 3-8 "可食用"的城市：城市阳台上的菜园

04

行动与策略：建设与自然和谐共生的城市

● 实现城市与自然和谐共生的途径与策略：通过生态优先的规划方法，重建城市与自然和谐的空间格局；通过构建生态基础设施，维护山水林田湖草生命共同体的连续性和完整性，保障城市的生态安全，以自然的生态系统服务为导向、基于自然的生态设计，同时能"望得见山、看得见水、记得住乡愁"；通过开展自然生态系统的修复和海绵城市建设，修复和重建被破坏的生态系统，使城市中的自然能生产干净的空气、水和食物，调节城市内涝和降解污染，缓解热岛和雾霾，承载多样化的生物，同时能为居民提供高品质的生态休憩和审美启智的机会；通过倡导循环经济，践行绿色生产生活方式，减少对环境的干扰，维护碧水蓝天、鱼翔浅底的自然环境。在满足人民对美好生活的向往的同时，使人类对自然的破坏最小。

4.1 与自然相适应的城市选址与空间布局

通过方法论的革新和具体规划实践，从城市与自然空间格局入手，协调人与自然的关系，是实现城市与自然和谐共生的千年大计。

4.1.1 建立生态优先的空间规划程序

1 俞孔坚、李迪华、韩西丽：《论"反规划"》，《城市规划》2005年第9期。

传统的城市规划总是先预测近中远期的城市人口规模，然后根据国家人均用地指标确定用地规模，再依此编制土地利用规划和不同功能区的空间布局。这一传统途径有许多弊端，这些弊端来源于对以下几方面认识的不足。[1]

2 仇保兴：《我国的城镇化与规划调控》，《城市规划》2002年第9期。

第一，城市与区域的整体有机性：法定的"红线"明确划定了城市建设边界和各个功能区及地块的边界，甚至连绿地系统也是一个在划定了城市用地"红线"之后的专项规划。它从根本上忽视了大地景观是一个有机的系统，导致区域、城市及单元地块之间自然系统的连续性和整体性被忽视。城市空间的规划首先必须在区域尺度上协调城市与山水格局的关系，而不是在城市建设用地范围内建立一个暂时的用地平衡系统和功能系统。正如仇保兴所指出的，我们的城市规划在图上严格标明规划区，而将区外看成"空白"区，这种在图上对区域环境的视而不见，导致城乡接合部的严重无序和混乱。[2]

第二，城市化动态与快速的特点：城市是一个复杂的巨系统，城市用地规模和功能布局所依赖的自变量（如人口）往往难以预测，从而导致城市规划总趋于滞后和被动。特别是中国过去40多年的城市化进程，其来势之凶猛、速度之疾，是史无前例的，任何一个现成的数学模型和推理方法都会显得无能为力。当然，也有"超前"的规划，其结果是大量土地撂荒、宽广的马路闲置、机场负债，这实际上都导致城市扩张的无序以及土地资源的浪费。

第三，城市与自然的图底关系：从本质上讲，传统的城市规划是一个城市建设用地规划，城市的绿地系统和生态环境保护规划实际上是被动的点缀，是后续的和次生的，从而使自然过程的连续性和完整性得不到保障，城市与自然的图底关系被颠倒，城市永远是土地生命肌体上的一个植入体。

第四，城市开发与建设主体的转变、土地使用的开放性和灵活性：改革开放以来，城市开发与建设主体就发生了改变，特别是进入20世纪90年代之后，以国家为主体的城市开发模式已迅速被企业开发模式所取代，在市场经济日趋主导的现在和未来，土地的使用应更趋于开放，计划经济体制下形成的规划制定、审批和执行程序显然已不能适应时代的需要。[1] 正如一些学者所指出的，规划师对市场不甚了解，却想要控制市场，从而导致规划失灵。[2, 3, 4] 如果把城市规划作为一项法规的话，那么这项法规更应该告诉土地使用者不准做什么，而不是告诉他做什么。但传统的城市规划和管理方法恰恰在告诉人们去开发去建设什么，而不是告诉人们首先不应做什么。这是一个思维方式的症结。

"规划的要义不仅在规划建造的部分，更要千方百计保护好留空的非建设用地"。[5] 城市的规模和建设用地的功能可以是不断变化的，而城市所在区域的河流水系、林地、湿地所构成的景观生态基础设施则永远为城市所必需，它们可为城市提供源源不断的生态系统服务，是需要持久稳定的。因此，面对城市的迅速扩张，需要具备逆向思维和底线思维的规划方法论，即"逆向规划"或"反规划（Negative Planning）"，在区域尺度上首先规划和完善非建设用地的空间格局，构建以山水林田湖草生命共同体为特征的城市生态基础设施，为城市和居民提供生态系统服务。[6]

"逆向规划"不是不规划，也不是反对规划，而是一种生态优先的规划途径（图4-1），本质上讲是一种强调通过优先进行不建设区域的控制，来进行城市规划的方法论。它是以土地的健康、安全和公共

1　陈秉钊：《变革年代多变的城市总体规划剖析和对策》，《城市规划》2002年第2期。

2　孙施文：《试析规划编制与规划实施管理的矛盾》，《规划师》2001年第3期。

3　周建军：《从城市规划的"缺陷"与"误区"说开去——基于规划干预、政策及本位之反思与检讨》，《规划师》2001年第3期。

4　周岚、何流：《今日中国规划师的缺憾和误区》，《规划师》2001年第3期。

5　吴良镛：《面对城市规划"第三个春天"的冷静思考》，《城市规划》2002年第2期。

6　俞孔坚、李迪华、韩西丽：《论"反规划"》，《城市规划》2005年第9期。

利益的名义，而不是从眼前开发商的利益和短期发展的需要出发来做规划；它不完全以城市化和人口预测作为城市空间扩展的依据，而是以维护生态系统服务功能为前提，进行城市空间布局。基本的出发点是，如果我们的知识尚不足以告诉我们做什么，但却可以告诉我们不做什么。要将城市与具有生命的土地之间的"图—底"颠倒过来。与优先发展经济和建设基础设施不同，"逆向规划"途径的规划程序是优先构建生态安全格局，并用它来引导和限制城市发展的空间格局。优先保护那些重要的、维护基本生态系统服务的景观要素和生态系统，并将其作为城市发展中不可逾越的刚性底线。也就是说，为了实现城市的良性发展，应优先确定哪些区域被保护，而不是哪些区域被建设。

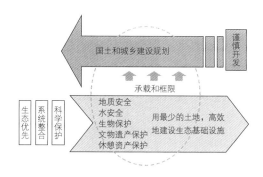

图 4-1　生态优先的规划路径

图片来源：俞孔坚、李迪华、韩西丽：《论"反规划"》，《城市规划》2005 年第 9 期

4.1.2　基于生态格局的城镇建设

国土是生态文明建设的空间载体，城市与自然关系和谐的空间格局，需要在不同尺度的国土上系统地建立（表 4-1）：全域尺度上的生态安全格局，决定主体功能区划，决定城镇化格局和城市的选址；区域尺度上的生态安全格局，决定城市总体发展布局；城市生态安全格局和生态基础设施，控制城市或城区的规划布局；项目和场地尺度上的生态安全格局和生态基础设施，引导城市的建设项目规划和设计，形成基于自然服务的城市机体。

多尺度生态安全格局和生态基础设施，保障城市与自然和谐的空间关系   表 4-1

空间尺度	全域尺度	区域尺度	城区尺度	项目尺度
自然形态	国土生态安全格局，再造秀美山川的空间框架	区域生态安全格局，山水林田湖草生命共同体，城市布局的总体框架	城市基底中的生态基础设施，包括城市水系、河湖湿地、绿地网络	城市基底中的生态基础设施和自然景观元素，包括绿色海绵、绿色屋顶等
城市形态	城市在自然地理上的区位和在自然山水中的选址	城市在自然基底中的格局和在自然景观框架中的分布	渗透着连续完整自然景观系统的三维城市形态	基于自然服务的城市街区或项目
规划形态	国土空间规划（生态红线等）	城市建设规划	城市单元规划	建设项目规划

（1）基于国土生态安全格局的城镇化布局

构建全域尺度的生态安全格局，是再造秀美山川的空间战略，也是城镇化和城市安全与可持续发展的基本保障。在生态文明理念下，在优先构建生态安全格局、保障国家和区域生态安全的基础上，进行城镇化总体空间布局，按照人口资源环境相均衡、经济社会生态效益相统一的原则，整体谋划国土空间开发，科学布局生产空间、生活空间、生态空间，给自然留下更多修复空间，构建科学合理的城镇化推进格局、农业发展格局，提高生态系统服务功能；实施主体功能区战略，严格按照优化开发、重点开发、限制开发、禁止开发的主体功能定位，划定并严守生态红线，牢固树立生态红线的观念（图 4-2、图 4-3）。[1]总体上包括科学协调以水因子为主导生态因子的"胡焕庸线"东西的保护和发展格局，以粮食和耕地安全为主要限制因子的保护与发展格局，以保护自然资产如生物多样性、自然风景资源为限制因子的保护与发展格局，以规避洪涝和地质灾害为主要限制因子的保护与发展格局等。[2]

1 国务院：《全国主体功能区规划》，2010。

2 俞孔坚、李迪华、李海龙、乔青：《国土生态安全格局：再造秀美山川的空间战略》，中国建筑工业出版社，2012，第92-94页。

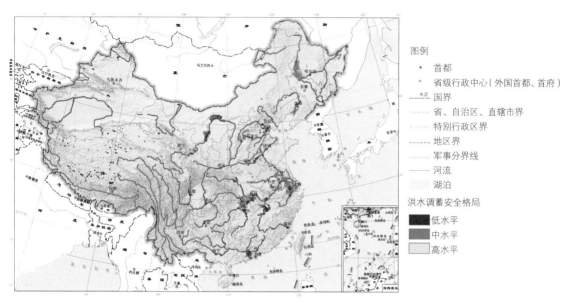

图 4-2　中国国土尺度上的水安全格局（洪涝风险分布）

图片来源：俞孔坚、李迪华、李海龙、乔青：《国土生态安全格局：再造秀美
山川的空间战略》，中国建筑工业出版社，2012，彩图 12

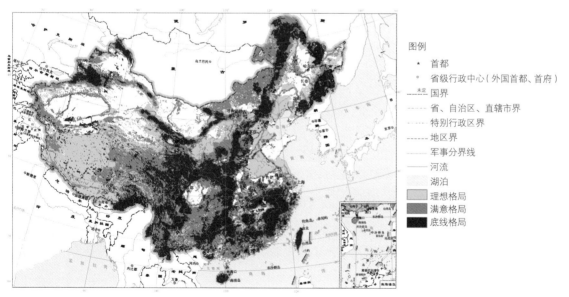

图 4-3　中国国土尺度综合生态安全格局

图片来源：俞孔坚、李迪华、李海龙、乔青：《国土生态安全格局：再造秀美
山川的空间战略》，中国建筑工业出版社，2012，第 93 页

知识链接：胡焕庸线

　　胡焕庸线，即"黑河—腾冲一线"，在对中国人口地理和整体城镇化空间格局的认识上具有重要意义，某种程度上也成为目前城镇化水平的分割线。这条线从黑龙江省黑河到云南省腾冲，大致为倾斜45°直线（图4-4）。线东南方43%的国土居住着94%的人口，以平原、水网、丘陵、喀斯特和丹霞地貌为主要地理结构，自古以农耕为经济基础；线西北方人口密度极低，是草原、沙漠和雪域高原的世界，自古是游牧民族的天下。因而，胡焕庸线简明而概要地描绘了我国全域尺度上人与自然的空间格局关系，也描绘了城镇化与自然之间的空间生态关系。[1]

1　胡焕庸：《中国人口之分布——附统计表与密度图》，《地理学报》1935年第2期。有关数据已按最新资料修改。

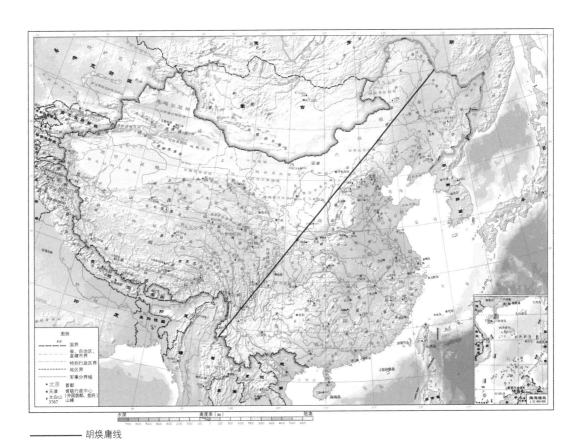

胡焕庸线

图4-4　胡焕庸线和中国总体自然地理与人口分布的空间格局关系

（2）基于区域生态安全格局的城市总体空间发展布局

在区域尺度上，土地作为一个有生命的系统，通过生态安全格局的判别，来确定一个生态底线，以此为基础构建生态基础设施，引导和框限城市发展（图4-5）。生态基础设施通过保护最少量的土地，为城市提供关键的生态系统服务：尽可能地滞蓄雨水回补地下水，使城市免受洪涝灾害的威胁；有效规避地质灾害和水土流失；保护关键的生物栖息地，建立有效的生物保护网络，最大限度地保护生物多样

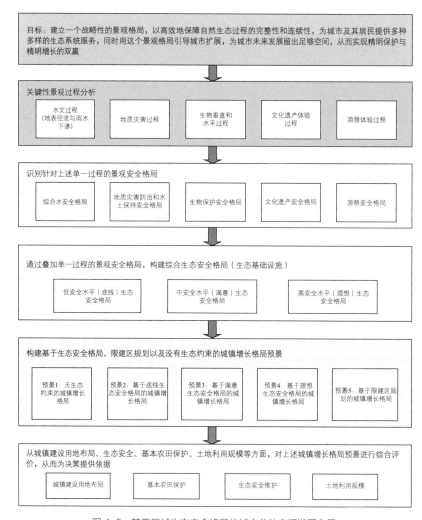

图 4-5　基于区域生态安全格局的城市总体空间发展布局

图片来源：俞孔坚、王思思、李迪华，《区域生态安全格局：北京案例》，中国
建筑工业出版社，2012，第 40 页

性；保护文化景观的原真性和完整性，增加游憩及视觉体验。通过分析地质灾害、水文过程、生物栖息地保护及有关的乡土文化遗产保护和城市人所必需的休憩过程，建立区域综合生态安全格局，明确景观元素和结构与各种景观过程的关系。形态上呈现为由基质、廊道和斑块所构成的完整的景观格局，它们在整体上维护着多种生态过程的安全和健康，为城市提供可持续的生态系统服务。[1]

在区域尺度上，基于生态安全格局，明确在什么地方不可建设，即生态保护红线，并建立生态基础设施、永久基本农田及城镇开发边界等空间管控内容，从而通过生态安全格局控制区域土地利用总体格局，明确未来区域发展方向和空间结构（图 4-6）。通过生态安全格局落地规划反向约束建设用地总规模和布局，并进一步明确生态安全格局与其他用地空间的关系，综合确定土地利用布局和结构（图 4-7）。

1 俞孔坚、王思思、李迪华：
《区域生态安全格局：北京案例》，中国建筑工业出版社，2012，第39-41页。

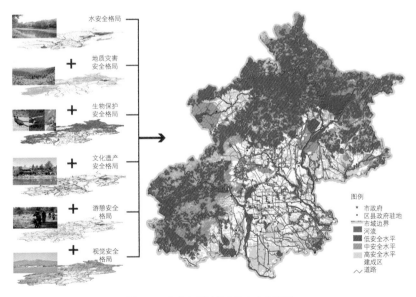

图 4-6　北京市区域综合生态安全格局

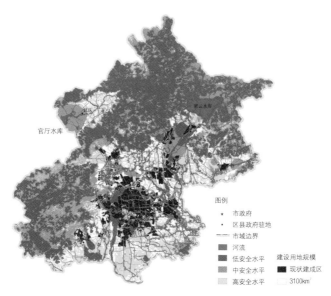

图4-7　北京市基于生态安全格局的城镇增长理想格局

图片来源：俞孔坚、王思思、李迪华：《区域生态安全局：北京案例》，
中国建筑工业出版社，2012，第143页

| 景观都市主义将城市理解成一个生态体系，通过景观基础设施的建设和完善，将基础设施的功能与城市的社会文化需要结合起来，使当今城市得以建造和延展。该主义是当今城市建设的世界观和方法论，其中心思想是强调景观是所有自然过程和人文过程的载体。强调景观取代建筑成为当今城市的基本组成部分，决定城市的空间与风貌，而建筑和基础设施是景观的延续或是地表的隆起。景观不仅仅是绿色的景物或自然空间，更是连续的地表结构，它作为一种城市支撑结构能够容纳以各种自然过程为主导的生态基础设施和以多种功能为主导的公共基础设施，并为它们提供支持和服务。

（3）基于生态基础设施的城市形态

在城市与城区尺度上，和谐的城市与自然关系集中体现为城市和居民能获得充足优质的生态系统服务。这时的自然体现为城市基底中的生态基础设施，包括城市水系、河湖湿地、绿地网络。这时人与自然和谐的城市形态表现为渗透着连续完整的自然景观系统的三维城市形态。国际上基于景观的城市设计理念和方法论，称为景观都市主义（Landscape Urbanism）[1]。这样的城市生态基础设施需要通过尊重城市建设用地中原有自然山水形态，不开山、不填湖、慎拆房，保留和完善原有的河流湖泊和湿地，构建城市基底上完整的山水林田湖草生命共同体。

（4）基于生态的项目建设

在项目建设尺度上，主要内容是结合城市地段的设计，充分利用自然地形和场地自然条件，将区域和城市的生态基础设施，通过更详细的场地设计和生态修复工程延伸到城市的肌体内，主要目的是通过更科学和艺术的景观设计，让生态基础设施的各种功能和生态系统服务惠及每一个城市居民（图4-8）。

图4-8　基于自然的工程设计：张家界武陵源黄龙洞剧场，将人工建筑有机融入自然的山水之中

4.1.3　节约集约用地的紧凑型城市

在自然资产和土地资源有限的前提下，紧凑型城市是实现城市与自然和谐共生的另一个关键策略（图4-9）。[1] 相对于城市的无序蔓延，紧凑型城市主张城市土地的节约集约利用和功能的混合使用，主张人们的居住、工作和日常生活需求能在便捷的空间内得到满足，主要体现在以下三个方面。

第一，建筑与人口的高密度：紧凑型城市一方面可以大大遏制城市蔓延，保护自然资产和开敞空间免遭挤压；另一方面，可以缩短交通距离和交通时间，降低能源消耗，减少废气排放，缓解全球变暖。高密度的城市开发还可以在有限的城市范围内容纳更多的城市活动，

1　仇保兴：《紧凑度和多样性——我国城市可持续发展的核心理念》，《城市规划》，2006 年第 11 卷第 4 期。

63

提高公共服务设施的利用率，减少城市基础设施建设的投入。

　　第二，土地的混合利用：紧凑型城市将居住用地与工作、休闲娱乐、公共服务设施用地等混合布局，以便在更短的通勤距离和时间内提供更多的就业机会，提高建成区功能的多样性，降低交通需求，减少能源消耗，并有效促进人们之间的社交生活，有利于形成良好的社区文化，提升城市活力。

图4-9　紧凑型城市：在自然资源有限的前提下，通过节约集约利用土地、混合利用土地，发展便捷的绿色交通体系，有助于实现城市与自然的和谐共生，并使城市充满活力。这方面，老城市波士顿（上）和新城市新加坡（下）都是很好的典范

64

第三，步行和公交优先：城市的低密度开发和单一功能的城市分区，使人们的交通需求增多，通勤距离增大，对小汽车的依赖性增强，从而导致汽车尾气排放过多。因此，紧凑型城市强调步行和自行车优先，鼓励发展公共交通，从而减少对小汽车的依赖，减少尾气排放，改善城市环境。所以，紧凑型城市往往采用公共交通导向发展模式（Transit-oriented Development，简称 TOD）。

4.2 健全山水林田湖草生命共同体，构建连续完整的生态基础设施

像对待生命一样对待自然，通过健全城市中的山水林田湖草自然生命肌体，构建连续完整的生态基础设施，使其为城市提供优质的生态系统服务。

城市与自然是一个生命有机体。城市的生态基础设施之于城市生命体，犹如人的脏腑血脉之于人体。生态基础设施是维护承载生命的土地和城市安全与健康的景观生态系统，可以有效地保护和修复山水林田湖草生命共同体。只有健全的脏腑加上通畅的气血，才是个健康的人。同理，以山水林田湖草生命共同体为核心的生态基础设施的健康关键在于其格局及生态过程的连续性和完整性。从普遍意义上讲，对未来城市生态安全和可持续发展具有战略意义的景观元素（生态系统）和空间，构成城市生态基础设施，它们是使城市获得持续生态系统服务的战略性保障。构建生态基础设施的一些关键策略包括：维护和强化整体山水格局的连续性；保护和建立多样化的乡土生境系统；维护和恢复河流和海岸的自然形态；保护和恢复湿地系统；将城郊防护林体系与城市绿地系统相结合；建立非机动车绿色通道；建立绿色文化遗产廊道；开放专用绿地；溶解公园，使其成为城市的生命基质；溶解城市，保护和利用高产农田并将其作为城市的有机组成部分；建立乡土植物苗圃基地。通过这

些景观战略，建立大地绿脉，使之成为城市可持续发展的生态基础设施。这些战略在健全山水林田湖草生命共同体的景观格局和生态过程的同时，融合了对城市与居民服务功能的完善，包括文化遗产、居民休憩和绿色出行等功能。就像人的生命有机体，总体上，城市生态基础设施的建设，可以帮助城市生命强身健体、疏通经脉、丰润肌肤、造就品位和气质。

知识链接：生态基础设施及其构建方法

生态基础设施是维护生命土地的安全和健康的空间格局，是城市和居民获得持续的自然服务（生态系统服务）的基本保障，是城市扩张和土地开发利用的刚性要求。生态基础设施是一种空间结构（景观格局），必须先于城市建设用地的规划和设计而进行编制（图4-10）。主要包括四部分内容：

（1）生态基础设施作为自然系统的基础结构；

（2）生态基础设施作为生态化的基础设施；

（3）廊道是生态基础设施的主要结构；

（4）生态基础设施作为健全和保障生态系统服务功能的基础性景观格局。

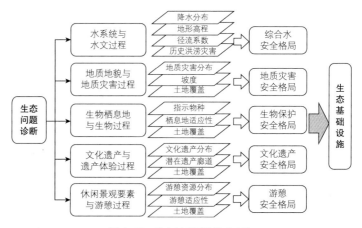

图 4-10　生态基础设施构建方法

图片来源：俞孔坚、王思思、李迪华：《区域生态安全格局：北京案例》，
中国建筑工业出版社，2012，第 44 页

4.2.1 强骨健体，维护和强化整体山水格局的连续性

城市扩展过程中，维护区域山水格局的连续性，是维护城市生态安全的一大关键，是维护自然生命母体的骨架和躯体。古代堪舆把城市穴场喻为"胎息"，意即大地母亲的胎座，城市及人居在这里通过水系、山体及风道等，吮吸着大地母亲的乳汁。破坏山水格局的连续性，就切断了自然的过程，包括风、水、物种、营养等的流动，必然会使城市这一大地之胎发育不良，以至失去生命。事实上，历史上许多文明的衰落和消失也被归因于此。

中国古代城市史志的每一个开篇——形胜篇，都在字里行间透出对区域山水格局连续性的关注和认知。中国古代的城市地理学家们甚至把整个华夏大地的山水格局作为有机的连续体来认知和保护，每个州府衙门所在地、都城的所在地，都在认知图式上和实际规划中，被当作发脉于昆仑山的支干山系和水系上的一个穴场。[1, 2] 如果说，古代中国人对山水格局连续性的吉凶观，是基于经验和潜意识的，那么现代景观生态学的研究，则为我们维护整体景观基质的完整性和连续性提供了强有力的科学依据。[3, 4, 5]

4.2.2 经脉畅通，维护和修复城市生态网络

城市生态网络与自行车及步行系统相结合，构成城市与自然和谐的生命肌体的活力经脉。疏通蓝绿经脉，维护其健康，是维持城市生命肌体活力的关键。

（1）保护和修复河流及滨水自然景观

河流水系是大地生命的血脉，是大地景观生态的主要基础设施。维护和修复河道和滨水地带的自然形态有重大意义。包括：

第一，韧性滞洪的意义。蜿蜒曲折的河道、植被茂密的河岸、起

1　俞孔坚、李迪华：《城市景观之路——与市长们交流》，中国建筑工业出版社，2003，第140页。

2　Yu K. J., "Landscape into Places: Feng-shui Model of Place Making and Some Cross-cultural Comparison,". Clark, J. D. (Ed.) *History and Culture*. Mississipi State University, USA. 1994, pp.320-340.

3　Zev Naveh and Arthur S. Lieberman, *Landscape Ecology: Theory and Application* (New York: Spring-Verlag, 1984), pp.22-32.

4　Richard T. T. Forman and Michel Godron, *Landscape Ecology*. (New York: John Wiley, 1986), pp.45-48.

5　Richard T. T. Forman, *Land Mosaics: the Ecology of Landscapes and Regions* (Cambridge, UK: Cambridge University Press, 1995), pp. 205-208.

伏多变的河床，都有利于降低河水流速，消减洪水的破坏能力。河流两侧的自然湿地如同海绵，调节河水之丰俭，缓解旱涝之灾害。

1　R. J. Hobbs and D. A. Saunders, "Nature Conservation: The Role of Corridors," *Ambio* 31, no.1 (1990): 93-94.

第二，生物意义。一条自然的河道和滨水带，必然有凹岸、凸岸、深潭、浅滩、沙洲，它们为各种生物创造了适宜的栖息地，是生物多样性的景观基础。丰富多样的河岸和水际的边缘效应是任何其他生境所无法替代的，而连续的自然水际景观又是各种生物的迁徙廊道。[1]

第三，审美启智意义。生机勃勃的水际尽显自然形态之美，动物与植物相依偎，动与静相映衬，自然而不失韵律，富于变化而秩序井然，人的诗情画意和创造的灵感亦得到激发。

（2）将城郊防护林体系与城市绿地系统相结合

2　关君蔚：《防护林体系建设工程和中国的绿色革命》，《防护林科技》1998 年第 4 期。

由于长期的开垦，中国平原地区的自然林地非常稀少，珍惜每一棵树、每一处丛林，在中国应成为一种基本的生态伦理。防护林带作为重要的线性、连续的自然景观要素，在城乡生态环境中起重要作用。除了防风灾和提供阴凉外，它们还是连接两个动物栖息地的廊道，也是重要的栖息地，对动物的繁衍、生物多样性保护都具有重要意义。我国已经建设了大量的防护林体系，但这些工程往往目标单一，只关注于防护，无论在总体布局、设计、林相结构、树种选择等方面都忽略了与城市、文化艺术、市民休闲、医疗健康、保健等方面的关系。[2] 行政部门的条块管理障碍，导致这些已成熟的防护林体系往往在城市规划建设过程中被忽视和破坏。一些沿河林带和沿路林带，往往在城市扩展过程中、在河岸整治或道路拓宽过程中被伐去。事实上，只要在城市规划和设计过程中稍加注意，保留原有的防护林网，将其纳入城市绿地系统之中是完全可能的。

（3）建立步行及非机动车绿色通道

当汽车尚未横行，步行和马车还是日常出行的主要方式时，美国景观设计之父弗里德里克·奥姆斯特德（Frederick Law Olmsted）于 1865年就在伯克利的加州学院与奥克兰之间规划了一条穿梭于山林的休闲公园道（parkway），这一公园道包括了一个沿河谷的带状公园，其最初的功能之一是在乘马车的休闲者到达一个大公园之前，营造一种进入公园的气氛，并把公园的景观尽量向城市延伸。[1, 2] 之后，公园路的概念也被奥姆斯特德等人广泛应用于城市街道甚至快速车行道的设计。它不但为步行者和行车者带来愉悦的感受，更重要的是其带来的社会经济效益，在公园路两侧的地产可以增值，对投资商更有吸引力。

20 世纪中叶之后，汽车在北美普及，并成为道路的主宰，步行者和自行车使用者饱受尾气、噪声和安全的威胁。所以，早在 20 世纪 60 年代，威廉·怀特（William H. Whyte）就提出了绿道（greenway）的概念，主张在城市中建立无机动车绿道系统。他于 20 世纪 70 年代在丹佛实施了北美第一个较大范围内的绿色道路系统工程。

21 世纪的中国城市居民也遭受着同样的折磨。国际城市发展的经验告诉我们，以汽车为中心的城市是缺乏人性、不适于人居住的，从发展的角度来讲，也是不可持续的。"步行社区"与"自行车城市"已成为国际城市发展的追求和理想。社区内部、社区之间，生活与工作场所，以及与休闲娱乐场所之间的步行或非机动车联系，必将成为未来城市的追求。

4.2.3 健脾保肾，维护和修复城乡坑塘湿地

湿地是地球表层上由水、土和水生或湿生植物及其他水生生物相互作用构成的生态系统。它不仅是人类最重要的生存环境之一，也是众多野生动物、植物的重要生存环境之一。湿地生物多样性极为丰富，被誉为"自然之肾"，可为城市及居民提供多种生态系统服务并带来社会经济价值。[3, 4, 5] 包括：提供丰富多样的栖息地、调节局部小气候、减缓旱涝灾害、净化环境、审美启智、提供食物和产品等。在城市化过程中保护、修复湿地，对改善城市环境质量及保障城市可持续发展具有非常重要的战略意义。它们是最好的基于自然的城市绿色海绵系统，并可以其自身为基础建立连续完整的绿地系统，是当代海绵城市建设的基础。

1 Robert M. Searns, "The Evolution of Greenways as an Adaptive Urban Landscape Form," *Landscape and Urban Planning* 33, no. (1-3) (1995): 65-80.

2 Anthony Walmsley, "Greenways and the Making of Urban Form," *Landscape and Urban Planning* 33, no. (1-3) (1995):81-127.

3 Per Bolund and Sven Hunhammar, "Ecosystem Services in Urban Areas," *Ecological Economics* 29, no.2 (1999): 293-301.

4 孟宪民：《湿地与全球环境变化》，《地理科学》1999 年第 5 期。

5 William J. Mitsch and James G. Gosselink, "The Value of Wetlands: Importance of Scale and Landscape Setting," *Ecological Economics* 25, no.1 (2000): 25-33.

4.2.4　肌肤葱郁，构建绿色生态基质

城市中的公园绿地、社区绿化、街道绿化、屋顶绿化和垂直绿化，构成了生态城市的绿色肌肤。葱茏滋润的绿色肌肤，是与自然和谐的城市的健康容颜。为此，需要改变一些常规的理念，来构建城市的绿色生态基质。

（1）溶解公园

早期的公园作为游逛场所而存在。在城市用地规划中，公园用地作为一种城市基础设施用地，与其他性质的用地一样，被划出方块，孤立存在，有明确的红线范围。设计者则挖空心思，力图设计奇景、异景，建设部门则花巨资挖湖堆山，引种奇花异木，设假山楼台及各种娱乐设施，以此来吸引造访者。在现代城市中，随着城市更新改造和进一步向郊区化扩展，工业化初期的公园形态将被开放的城市绿地所取代。孤立、有边界的公园正在溶解，成为城市内各种性质用地之间以及内部的基质，以简洁、生态化和开放的绿地形态，渗透到居住区、办公园区、产业园区内，并与城郊自然景观基质相融合，构成生态基底，提供综合的生态系统服务。这意味着城市公园在地块划分时不再是一个孤立的绿色斑块，而是弥漫于整个城市用地中的绿色"液体"（图 4-11）。

（2）开放式绿地

"单位制"是中国改革开放前城市形态的一大特征，至今仍然续存于中国主要城市中。部门分割的行政管理体制，以及 40 多年来的封闭式小区开发模式和大街区城市设计，导致墙内的绿地往往只限于本单位人员或本社区享用，特别是一些政府大院、大学校园和高档社区。由于中国社会长期受小农经济影响，大工业社会形态发育不完全，对围合及领地的偏爱造成了开放单位绿地和小区的心理障碍。而现实中对安全和管理等的考虑也强化了绿地的"单位"意识，但现代的安保技术早已突破围墙和铁丝网时代的安保概念。事实上，让公众享用开放绿地，正是提高其道德素质和公共意识的途径，在"看不见"的安保系统下，一片开放的绿地可以比封闭的院落更加安全。

1　俞孔坚、李迪华、潮洛蒙：《城市生态基础设施建设的十大景观战略》，《规划师》2001 年第 6 期。

图 4-11　融入城市肌理的街头公园：美国波士顿的新唐人街公园（上）
和美国西雅图庆喜公园（下），城市街道和广场直接与公园衔接

应将开放专用绿地作为城市开放空间建设长期而艰巨的战略性任务来对待，这不但需要打破原有的单位和小区领地意识，更重要的是要在新扩建的每一个地块中落实。具体措施包括：新建地块应保留足够的建筑红线退让空间，统一进行地块设计，以形成连续的公共开放系统；对连续的景观元素，如水系廊道、遗产廊道，应打破单位用地红线的限制，维护景观的连续性；维护非机动车绿色通道在穿越用地单元时的连续性和完整性，设计便捷的非机动车出入口；自然景观元素对城市居民要具有可达性，特别是水体、林地、山地和农田等未来重要的休闲资源与城市的连通性。

（3）发展屋顶和垂直绿化

屋顶和垂直绿化是城市生态基础设施的有机组成部分，让灰色的建筑物覆被绿色植物，目前已经成为国际城市建设的新潮流，甚至成为新一代住宅开发的卖点。屋顶和墙体绿化可以减少建筑物的热辐射，减少能耗，并有效缓解城市热岛效应、吸收噪声、净化空气、滞蓄雨水（图4-12）。它们大大提高了城市绿色指数，赏心悦目，有利于缓解身心疲劳，有利于营造健康宜居的环境。

图4-12　垂直绿化：城市建筑的垂直绿化，可以有效降低建筑表皮的热辐射，缓解城市热岛效应，改善城市视觉环境等（丹麦）

4.2.5　气质从容，呵护乡土生境，营造丰产景观

自然没有贵贱之分，多样化的乡土生境系统是维护城市生态健康之必需，也是城市风貌特色的源泉。万物自由，生机勃勃，丰产葱郁，是一个与自然和谐的城市的从容气质。

（1）保护和建立多样化的乡土生境系统

中国目前各类自然保护区只占国土面积的15%左右，不足以维护一个安全的、可持续的、健康的国土生态系统。虽然，城市中绿地率高，但植被物种单一，且绿化方式过于人工化，因此并不能提供综合的生态系统服务。在未被城市建设吞没之前的土地上，存在着一系列年代久远且多样的生物与环境，它们构成了与人类关系良好的乡土栖息地。应当保护这些乡土生境，结合其自然条件，构建乡土生物栖息地网络。

即将被城市吞没的古老村落中的一方"龙山"或一丛风水树，从景观生态学的角度看，都是大地景观系统的关键性节点，是自然栖息地的残遗斑块，是在生物克服空间阻力的运动过程中，联系两个自然地的跳板。在大地景观日益被扩张的高速公路网和城市土地分隔的今天，这种生物栖息地跳板的存在对维护自然过程的连续性和完整性有着非常重要的意义。在留住乡愁的同时，也具有重要的生态保护意义（图4-13）。

图 4-13　成都平原上村落与丛林共生的景观

（2）本土特色从建立乡土植物苗圃基地开始

在中国广大城市的绿化建设中，除了不惜工本，到乡下和山上挖大树进城以外，很难看到各地丰富的乡土物种的使用。虽然中国大地气候差异明显，乡土植物区系多样，但人们在城市大街上可见的绿化植物品种非常单调，且往往多源于异地。究其原因，不外乎两个：一是观念，即城市建设者和开发商普遍酷爱珍奇花木，而鄙视乡土物种；其二，缺乏培植当地乡土植物的苗圃系统。改变前者有赖于文化素质的普遍提高，而改变后者则需要前瞻性的物质准备。因此，建立乡土植物苗圃基地，应成为每个城市未来生态基础设施建设的一大战略。

（3）回归丰产，都市农业和农业都市主义

五千年的农业大国，在城市化初级阶段，都以"不事生产"和"洗脚上岸"为荣。城市建设，特别是城市绿地建设竭尽奇花异木、小桥流水之能事，将鲜亮的草坪、汉白玉栏杆、不锈钢及瓷砖这些远离乡土与农业的材料和设计，作为城市大气、洋气的象征。不觉之间城市失去了自我，失去了本土的特色，崇洋媚外，变得"花枝招展"。让城市回归丰产既可以使城市获得丰富多样的生态系统服务，也可以使城市独具从容本色。而这正是当代城市建设的一种新的潮流——农业都市主义（Agricultural Urbanism）或食物都市主义（Food Urbanism），即主张城市与农业共生，城市利用绿地、屋顶和建筑垂直墙面生产食物和农副产品，发展城市农场，以减少食物长距离运送带来的能耗和环境影响，走向更可持续的城市。

过去 40 多年，中国已经有约 10% 的良田被城市覆盖，[1] 而中国是一个耕地稀缺国家，那些被城市所侵占的农田中有近 50% 被用作城市绿地和开放空间。[2] 让部分绿地回归生产，为城市提供各种生态系统服务，是未来城市建设的一个发展方向。同时，大面积的乡村农田应成为城市功能体的溶液，高产农田渗透入市区，而城市机体延伸入农田之中，农田与城市绿地系统结合，成为城市景观的绿色基质。

城市中的农田可以改善城市的生态环境，为各种生物提供食物来源，吸引鸟类进城，为城市居民提供可以消费的农副产品并减少运输成本，也为市民提供农作休闲、美育和农事教育场所。日本筑波科学城就保留了大片的农田，达到了良好的效果；中国的沈阳建筑大学、浙江衢州鹿鸣公园（图 4-14）等都是成功的案例。

1 刘纪远、宁佳、匡文慧等：《2010—2015 年中国土地利用变化的时空格局与新特征》，《地理学报》2018 年第 73 卷第 5 期。

2 谈明洪、李秀彬、吕昌河：《20 世纪 90 年代中国大中城市建设用地扩张及其对耕地的占用》，《中国科学 D 辑 地球科学》2004 年第 34 卷第 12 期。

图 4-14　丰产的城市景观：衢州鹿鸣公园里轮作的农田为居民提供休憩服务

4.2.6　留住乡愁，建立文化遗产网络

大地上的文化遗产是人类历史的记忆，是乡愁的来源。保护和善待大地上的文化遗产，是构建生态基础设施的重要内容。

（1）建立文化遗产廊道

文化遗产廊道（Heritage Corridors）是集文化遗产保护、生态与环境保护、休憩与教育等功能于一体的线性景观，包括河流峡谷、运河、道路以及铁路沿线。它们代表了早期人类的运动路线，并将人类驻停与活动的中心和节点联系起来，体现着文化的发展历程，是一个国家或一个民族发展历史在大地上的烙印（图 4-15）。从早期山区先民用于交通的古栈道和河边的纤道，到秦始皇修建的辐射在中华大地上的驰道，再到隋炀帝开凿的横贯南北的京杭大运河，诸多具有数千年或数百年历史的文化遗迹如明珠般被线性景观串联起来（图 4-16）。然而，随着人口的增长、城市的持续扩张、开放空间的丧失以及交通方式的改变，特别是现代高速路网的横行，这些线性历史

75

景观被无情地切割、毁弃。即便许多节点被列为地方、国家甚至世界级的保护文物，但它们早已成为与原有环境和脉络相脱离的零落的散珠，失去其应有的美丽与含义。通过绿地将这些散落的明珠与同样重要的线性自然与人文景观元素联系起来，可以构成城市与区域尺度上价值无限的"宝石项链"。它们不仅能提供无机动车穿行的慢步道和自行车走廊，成为未来市民生态休闲、文化教育及环境教育的最佳场所，更能留住乡愁。

图 4-15　大运河遗产廊道（左）和云南普洱的茶马古道（右）

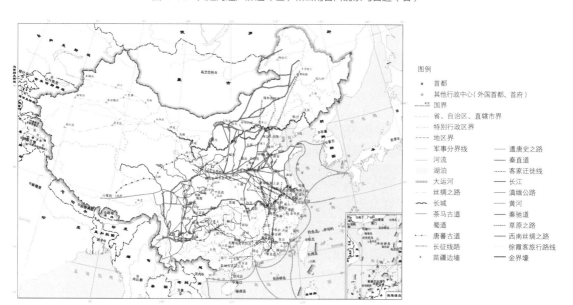

图 4-16　中国大地上的潜在遗产廊道分布图

图片来源：俞孔坚、奚雪松、李迪华、李海龙、刘柯：《中国国家线性文化遗产网络构建》，《人文地理》2009 年第 3 期

（2）善待祖先灵魂的栖居之所

文明社会应该禁止大肆圈地造坟，但是，对留存已久并被视为精神寄托的祖坟，一定要善待。除了精神文化价值外，它们还具有重要的生态价值。它们往往已经存在几十年甚至千百年，并且只是占用田缘地角和本来就不宜耕作的有限的祖坟和祠堂用地，是一家、一族人的神圣之地，在均质的农田景观和被城市化的土地上，它们是独特的异质性景观，为城市留下乡愁；同时，也往往是多种乡土兽类和鸟类及乡土植物的最后栖息地。

（3）善待遗产村落

随着城市化进程的加速，农业人口涌入城市，"空心村"将会越来越多，这些地方由于长期免受农业开垦，加上古村的断墙残壁及水系的庇护，形成了丰富多样的生境条件，为多种动植物提供了理想的栖息地。在可能的情况下，村落遗址应尽量结合在城市未来的绿地系统中加以保留。在将其作为生物栖息地进行保留的同时，也使其成为未来森林童话的载体，向后来的人们讲述过去的故事（图4-17）。在交通便利、拥有独特资源条件的村落，修复或利用村庄建筑，满足新时代城市居民栖居和休闲所需，是乡村振兴的重要契机。

图4-17　善待遗产村落：原来衰败的建筑被改造成精品民宿，
既留有乡愁又为当代城市人提供其向往的休闲场所（徽州西溪南）

77

4.3　基于自然的生态修复与海绵城市建设

　　面对千疮百孔的国土和城市中的山水林田湖草生命共同体，有必要用基于自然的生态工程途径进行生态修复，开启自然的自我演替、自我修复过程。海绵城市本质上是对自然水循环系统的生态修复。国内外大量成功案例，为大面积、低成本的后工业城市生态修复提供了参考。

4.3.1　国土生态修复概念和方法

　　我国疆域辽阔、海陆兼备，地貌类型和海域特征多样，形成了复杂的自然生态系统，孕育了丰富多样的生物。然而快速的城镇化、工业化等对自然生态系统造成了巨大压力。现存的自然生态系统，包括森林、草原、荒漠、湿地、河湖与海洋，大多处在不同的退化阶段。国土生态修复则是从生态问题出发，保护与修复受损的生态系统结构、增强生态系统的功能，实现物质流与能量流有序循环，使其具有健全的生态系统服务功能。

　　国土生态修复应坚持保护优先、自然恢复为主的基本方针。针对处于不同退化阶段的生态系统，采取不同层次的保护与修复措施。对于仍处于比较原始状态的自然生态系统，如原始森林、原始草原等，作为仅存的地球自然遗产，需要实施封禁式的保护，设立以国家公园为主体的各种自然保护区或保护地。对于处于轻度退化状态的自然生态系统，如有些森林已残缺稀疏，或转变为天然次生林，要在优先保护的前提下，采取适当的培育措施，包括抚育管理、促进更新等，进行生态保育。对于已经受到较严重损害或破坏的自然生态系统，如过伐、过牧、过垦导致生态系统结构和功能严重退化的，要采取较为强烈的修复措施，包括改造（如低效次生林改造）、改良（如草场改良）等，改善生态系统的组成结构以实现生态系统的重建。[1]而农田生态

1　张新时：《从生态修复的概念说起》，http://www.sohu.com/a/ 212761505_781497, 2017-12-26。

系统修复的重点则是首先强化农田生态保育，推广种植绿肥、秸秆还田、增施有机肥等措施，培肥地力；其次针对退化、受污染的农田进行土壤改良和修复。

4.3.2　城市生态修复原则与方法

处于国土整体生态系统背景下的城市生态系统，其尺度虽不及森林、草原、荒漠、湿地与河湖、海洋等国土自然生态系统庞大，但其承载着密集、剧烈和复杂的人类社会经济活动，直接关系到每一个城市居民的生活质量。如何修复城市中的自然，恢复和增强自然生态系统的服务功能，是实现城市与自然和谐共生的关键。

城市生态修复的目的是构建一个健全的城市生态基础设施，使它能够为城市提供综合的自然服务，修复和重建连续而完整的生态过程，使城市中的自然呈现生机勃勃而美丽的生态景观。这种生态景观是设计的自然，或人工的自然。生态文明理念下的城市生态修复，需要遵循以下一些原则：

（1）保护优先，最少干预

由于历经漫长的人类开垦，城乡大地上留下来的自然资产已经所剩无几。一个世纪以前，地球表面被开垦的土地只有 15%，而今天，除了南极洲外，77% 的土地和 87% 的海洋已经被人类直接利用并改变，而那些纯自然的荒野集中分布在俄罗斯、加拿大、澳大利亚、巴西和美国等几个资源大国，中国境内未被破坏的自然非常之少（图 4-18）。[1] 所以，城市中的每一处湿地、每一棵天然的树木、每一丛芦苇和野草，都是难得的自然遗产，都值得我们珍惜。而自然系统有超越人为设计系统的自组织或自我修复能力。在城市建设过程中，人们往往以生态建设的名义，投巨资进行自然山水改造，人工挖湖堆山，引种奇花异木，打造所谓的"生态景观"。如河道治理无视自然的存在，忽视河漫滩洪水滞蓄、滨水带生物多样性的承

James E. M. Watson, Oscar Venter and Jasmine R. Lee, et al., "Protect the Last of the Wild," *Nature*, no.563 (2018): 27-30.

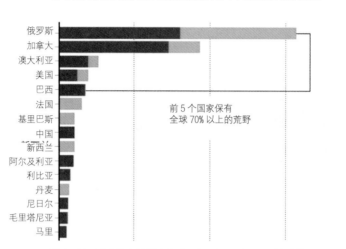

20 个国家或地区保有着全球剩余荒野的 94%（不包括公海和南极洲）

前 5 个国家保有
全球 70% 以上的荒野

图 4-18　原生的自然荒野在世界上已经所剩无几，其陆地面积仅有 23%，而且集中分布在少数几个国家

图片来源：James E. M. Watson, Oscar Venter and Jasmine R. Lee, et al., "Protect the Last of the Wild," *Nature*, no.563 (2018): 27-30

1　俞孔坚、张静、刘向军：《与大海相呼吸——秦皇岛滨海植物园和鸟类博物馆设计》，《建筑学报》2006 年第 5 期。

载功能，及河底污泥自身的生物净化能力，盲目硬化渠化，大搞河道清淤工程，在此基础上再搞绿化美化的大工程，往往造成对自然生态系统的破坏。因此，生态文明理念下的城市生态修复，应优先保护自然，保护场地中物质、营养等自然过程以及原生植物群落，采取最小干预的手法，借助自然力，开启自然的自组织或自我设计过程（图 4-19、图 4-20）。古时都江堰和灵渠的修筑就是最小干预自然过程的代表案例：都江堰深淘滩，浅作堰，以玉门为度，引岷江之水，用最少的技术获得最大的收获；灵渠以最少的投入，在建成水利工程的同时对自然和生物过程施以最小的干预，获得最长久的收益。[1] 当代城市的建设，可以通过最少的干预来获得最佳的生态系统服务，创造生态而优美的城市景观。

（2）自然为友，韧性适应

人与洪水的关系是历史发展过程中人与自然关系比较突出的体现。农耕时代，出于生存的需求，人类逐水草而居，洪水过后肥沃的土地吸

图 4-19　冰岛的萨克斯尔（Saxhóll）火山锥旅游步道：用最少的干预，根据地貌，建设一条
最便捷的耐候钢阶梯步道，在满足大量游客登山需要的同时，尽量不对环境造成破坏
图片来源：Landslag Ehf Landscape Architects,www.landslag.is

图 4-20　最少干预：河北秦皇岛汤河公园用最少的干预，在最大限度保留原有河漫滩植被和
栖息地的基础上，引入一条红色飘带——座凳，艺术的介入使城市的河漫滩变成城市公园

引着人们逐渐向洪泛平原迁移。当代，我们自恃有工业文明的武装，为了解决耕地和水生态空间的矛盾，以人定胜天的勇气和视洪水为猛兽的价值观，高堤防洪，拦坝蓄水，以至于中国大地上有河皆堤、有河皆坝。河道的裁弯取直、"三面光"，被作为水利工程的规范和标准一直延续到今天。尽管在特定情况下需要这样，但无论是发达国家的经验还是我国自己的教训，都已证明这样的防洪治水工程弊病诸多，包括投资巨大、水资源流失、生态功能丧失、洪水破坏力加剧、河流的审美启智等文化服务丧失。因此，生态文明理念下的城市生态修复，已不能再片面强调掠夺和控制自然继而加剧人与自然的矛盾，而应视自然为朋友，通过与水为友的理念和生态工程，来建设韧性城市。实际上，中国悠久的农业文明，孕育了非常智慧的与洪水为友的生态经验（图4-21、图4-22），复兴这些悠久的生态智慧以应对当代城市面临的诸如洪水、泥石流及地震等灾害，对当今生态韧性城市的建设具有极高的价值。

图4-21　古代的房屋从选址、布局到结构设计，都体现了抗震、抗风、防火、防洪等智慧。照片所示为建筑适应洪水的设计：东莞谢岗镇黎村的罗公祠，门槛被设计成一个水闸，实际上是应对洪涝的韧性设计，是应对珠江三角洲一带季风性气候和极端气候的一种弹性机关。这样的宗族祠堂在珠江三角洲一带数以千计，几乎每个村庄都有一处或者几处，它们是中国数千年宗族社会超稳定结构的社会基础，因而是构建韧性社区的关键性基础设施。尤其值得我们关注的是，这样的社会韧性结构也承载了聚落生态韧性的智慧。相较于当代投入巨大的防百年一遇洪水的防洪堤，这种简单而投入甚微的设计，显然具有更好的韧性，这样丰富的传统智慧让我们反思当代被工业文明武装起来的城市的韧性问题

图 4-22 雄安地区乡土建筑的水适应设计：门槛和平屋顶可以应对
洪水的威胁，门槛拦水于街道，在极端洪水发生时可以上屋顶避灾。
这些优秀的生态智慧，在当代城市建设中都被忽视了

（3）变灰为绿，去硬还生

作为工业文明的成果，钢筋水泥的大面积使用，使人类增强了对自然过程的控制和抵抗能力。尽管在许多情况下，灰色工程是必要的，但在城市建设中也存在过度工程化的现象，给生态环境带来许多副作用，如过度的城市不透水铺装、大规模的灰色基础设施、过度的河道硬化等工程，都使自然的土地和水系统失去了自我呼吸的功能，破坏了自然的水文过程，侵占了生命的空间，也使地球黯然失色，使自然的生态系统服务能力大大降低。生态文明理念下的城市生态修复应去掉钢筋混凝土的束缚，恢复土地及河流的自然形态，让水与土地及生命之间的联系得以重建，给生命以更多的空间，即变灰（灰色基础设施）为绿（绿色基础设施），去硬（硬质化渠道化驳岸）还生（生态化驳岸）（图 4-23）。

图 4-23　生态防波堤：秦皇岛鸽子窝公园改变常规水泥防波堤的做法，给潮间带的生物留下生存空间，同时，碎石防波堤也有利于削减波浪的冲击力，使防波堤富有韧性（左：修复前，右：修复后）

（4）仿生修复，自然做功

随着城市经济发展和产业结构调整，城市出现了大量的废弃地，如矿区废弃地、工厂废弃地及垃圾处理场、码头港口等。这些用地存在着不同程度的土壤污染、土壤盐碱化及土地生态退化等问题，而城市建设中通常采用客土、覆盖等造价昂贵、难以持续的工程措施。生态文明理念下城市废弃地生态修复应把待修复的土地视为生态系统服务提供者，通过模拟生态系统自我再生过程，实现高度人工化环境中的土地生态恢复，使生态修复和重建的过程成为多种生态系统服务的提供过程。仿生修复、自然做功的原则和方法强调的是我们所做的不是替代自然、统治自然，而是尊重自然系统的完整性和连续性，尊重水、土、生物等不同元素之间的内在作用机理，尊重物种的演替规律、分布格局和运动规律，在这一尊重的基础上模拟自然和利用自然的自我修复功能。这种修复方法，不仅为人们提供了各种生态系统服务，同时彰显了城市的独特景观，使城市用尽可能少的投入来获得更大面积的生态修复。

（5）天无废物，循环闭合

自然界原本没有废物，每一个健康的生态系统，都有完善的食物链和营养级，秋天的枯枝落叶是春天新生命生长的营养。由于城市化和工业化迅猛发展，城市产生的大量污水和垃圾等废物，被排至自然系统中，超出了自然本身的自净能力，引发河湖水系及土壤污染等问题。目前常规的污水及垃圾等废物的工业化处理方式耗资且耗能。中国古话和俗语有云，"水至清则无鱼""肥水不流外人田"，这里提到的那些能养鱼能肥田的水饱含了生物生长所需的多种营养物质（氮、磷、钾等）。古人尚知水中营养物质的价值，今天我们在进行城市污水及垃圾等废物治理的时候，更应懂得污水及垃圾等废物的价值，对其进行生态化、资源化的处理，使营养回到我们的生产生活循环中，实现物质再利用，变废为宝。所以，生态修复的过程也就是资源高效循环利用的过程。

（6）化绿水青山为金山银山

人们往往把生态修复当作城市建设的负担，实际上恰恰相反。大量成功的城市生态修复实践表明，生态修复的过程是城市品质提升、价值提升的过程。其背后的逻辑在于：城市绿水青山的修复，使自然资产的价值提升，使自然的山水林田湖草生命共同体的连续性和完整性得以提高，使其生态系统服务能力得以提高，由此给居民带来更多的福祉。生态修复带来的经济效益往往是直接而显著的，包括周边资产价值显著提高，人流的增加带动周边商业活动，滞留时间增加而带来更多的消费，等等；清新的空气和绿色的环境、鸟语花香和审美启智的愉悦对人健康的价值更是毋庸置疑的。所以，城市生态修复就是生产力，就是满足人民对美好生活的向往，绿水青山就是金山银山。

4.3.3　城市生态修复的主要类型

城市生态修复是国土生态修复的一部分，城市以外占国土 90% 以上的大面积山水林田湖草的生态修复以自然修复为主，需要通过法规和国土管理措施来大面积实施；而以城市为基底或与城市为邻的自然系统的生态修复则需要同时考虑人的使用，为人的生活服务。在基于自然的修复前提下，需要有更多的人工介入，加快自然进程，并满足城市和居民的日常生活需要，与满足人民对美好生活的向往紧密结合起来，因此需要有更精细的设计。

| 设计生态学（Designed Ecologies）对应于自然的生态学，是指根据生态学原理，人类主动设计的生态关系，是一种人工的自然。关于这种人工自然的规划设计、实验观察、实证与检验、工程建设和管理的学科被称为"设计生态学"。

城市生态修复的重点是修复工业化和城市化造成的城乡生态过程的破坏，包括修复地表和地下水文过程，修复物质和营养循环过程，修复乡土物种生境和繁育及迁徙过程，净化被污染和毒化的水和土壤，建立高密度和高强度人类活动下的拟自然生态系统。这种人为构建的拟自然系统不是复原自然生态系统，而是重建或创造健康和高效的生态关系，为城市和居民提供更高效的综合生态系统服务。所以，城市中被修复的自然可以称为"设计的生态关系"，或"设计的自然"。|

尽管针对不同问题和不同场地，有不同的主要目标和不同的侧重，但生态修复永远是综合地、系统地考虑各种生态过程和元素。所以，以下对生态修复工程的分类和描述仅仅为便于讨论，并不代表它们有本质的不同，其共同点都是系统全面地考虑能量流和

物质流过程、生物过程以及人的使用需求，综合系统地设计和重建
生态系统。

（1）山体和采矿废弃地生态修复

城市山体是城市景观生态系统的重要构成，也是山水林田湖草
生命共同体的重要环节之一。许多城市由于历史原因，早期对山体进
行无规律无节制地露天开挖采石；或由于基础设施建设，山体植被毁
坏、矿坑遍布。在采矿过程中产生了大量未经治理而无法使用的土
地，又称"采矿废弃地"。采矿废弃地成因很多，包括剥离表土堆积，
岩石碎块和低品位矿石堆积，采空区、沉降区和塌陷区、尾矿堆积
等。随着城市规模扩大，这些破损山体和采矿废弃地进入城市规划区
和建设区，对生态安全和环境质量产生了严重的影响，包括景观破碎
化带来的生态系统稳定性和服务功能的衰退，采矿活动对周边大气、
水和土壤所带来的严重的污染，水循环过程破坏，生物栖息地丧失，
诱发地质灾害等。

破损山体和采矿废弃地的生态修复以生态学原理为基础，通过
生态设计和修复技术，为曾经废弃的土地赋予新的用途，使其获得再
生。破损山体和采矿废弃地生态修复的核心在于修复生态系统的结构
和功能，通过工程技术和生物技术等进行生态修复和重建。针对破损
山体和采矿地存在的问题，在对破损山体和采矿地进行生态修复时必
须进行山体排险，加强挡土、护坡处理，消除地质灾害，增加植被覆
盖，减少山体裸露。

对破损山体和采矿废弃地的生态修复可实现土壤和土地资源的
重新利用，变废为宝，平衡生态退化带来的土壤质量恶化和土地资
源不足，促进废弃地生态和经济价值的发挥，这对区域生态系统健
康、地方经济可持续发展以及人民生活水平的提高具有十分重要的
意义。

案例：绍兴东湖

绍兴东湖原为一座青石山，汉代以后，成了绍兴的一处石料场，经过千百年的凿穿斧削，采用特殊的取石方法，搬走了半座青山，并形成了高达 50 多米的悬崖峭壁。清末，绍兴著名乡贤陶浚宣眼光独到，利用采石场筑起围墙，对水面稍加拓宽，遂将其改造成山水相映的东湖。东湖经过百年的人工装扮，成为一处巧夺天工的风景区，供人休闲旅游（图 4-24）。

图 4-24　破损山体及采矿地生态修复的可持续利用模式

图片来源：汇图网，halflife 127　摄

案例：上海辰山植物园矿坑花园

矿坑花园位于上海辰山植物园西北角。作为一个几近荒废的采石场，设计通过地形重塑和增加植被来构建新的生物群落，针对裸露的山体崖壁，在出于安全考虑的有效避让前提下，遵循最小干预原则，使崖壁在雨水、阳光等自然条件下进行自我修复。设计通过极尽可能的连接方式，最终建成了一个独特的突出生态修复主题、国内首屈一指的园艺花园。矿坑花园的建成修复了严重退化的生态环境，充分挖掘和有效利用了矿坑遗址的景观价值，获得 2012 年美国景观设计师协会（American Society of Land Scape Architects，简称 ASLA）景观设计综合类荣誉奖（图 4-25）。

图 4-25 上海辰山植物园矿坑花园
图片来源：朱育帆 提供

（2）水体生态系统修复

我国城市生态修复工作中最迫切的就是水生态系统的修复，包括漫长的被污染和破坏的海岸带，以及大面积的河流、湖泊和湿地。

水体的生态修复主要面临以下三大问题：

第一，水量问题。由于全球气候变化、城镇化和工业化对水量需求增加，流域水文状况发生改变，地下水补充不足，导致河流、湖泊和湿地的水源减少，河流断流，湖泊和湿地消失。随之而来的是，水生态系统发生改变，生物栖息地消失，城市和居民能获得的生态系统服务退化甚至消失。对于这样的问题，必须认识到中国甚至全球总体上都是缺水的，要节约优先，系统解决，不宜动辄远距离调水；或者拦截河道，以牺牲异域的水资源为代价，来修复本地的水生态系统。要立足于本地水资源状况，建立与降水和本地水资源相适应的生态系统。如减少水蒸发，收集和利用雨水，循环利用再生水，使用耐旱和抗旱植物进行城市绿化，建设海绵城市，实现水资源的自然积存和自然渗透，修复与自然水条件相适应的水生态系统（图 4-26）。

图4-26　富有生态韧性的植被：免灌溉的城市绿化，利用耐干旱和耐水的植物、可渗透的景观界面，收集偶尔的暴雨，形成间隙性水体，滞蓄雨水，补充地下水。澳大利亚悉尼的城市雨洪管理系统（左），瑞典可持续社区马尔姆（Malmo）（右）

1　孙铁珩：《污水生态处理技术体系及发展趋势》，《水土保持研究》2004年第11卷第3期，第1-3页。

第二，水质问题。"黑臭水体"是中国许多城市面临的最主要的水生态问题。黑臭河治理已经成为考核城市领导的一个很重要内容。解决这类问题的关键是截污纳管、雨污分流，将生活和工业污水接入污水处理厂，而将雨水和面源污染通过自然生态措施进行滞蓄、渗透和自我净化，进行污水的生态化处理。污水生态化处理是指运用生态学原理、采用工程学手段对污水进行治理，并与水资源利用相结合，可系统处理城市污水，主要包括生活污水和水体的面源污染。具体地说，就是利用土壤—植物—微生物复合系统的物理、化学、生物学和生物化学手段对污水中的水、营养等资源加以回收利用，对污水中的可降解污染物进行净化。[1]污水生态化处理的整体过程包括：从源头上控制污染排放；在过程中通过构建生态循环系统，实现再生水和营养物质循环利用，阻断污染物进入水体；在末端进行水体的生态化治理。在此基础上，进行水体的生态修复，包括实施谨慎的清污工程，有限度地清除富积污染物的底泥；培植水底植物和微生物种群，构建水体净化的生物群落；重点进行水岸的去硬还生，通过营造深潭浅滩，重建丰富多样的滨水带植物群落，重建健康和可持续的水生态系统。

案例：上海后滩水质生态净化系统

上海后滩公园是上海世博园的核心绿地景观之一，位于黄浦江东岸，占地 14hm²，于 2009 年 10 月建成。建成前，工业固体垃圾和建筑垃圾遍地，且埋藏很深，水土污染严重，外来物种入侵。后滩公园建立了一种由沉淀池、叠瀑墙、梯田、不同植物群落组成的可以复制的水系统生态净化模式，将来自黄浦江的劣 V 类净化为 III 类水；同时，它吸取农业文明的造田和灌溉智慧，形成低碳和负碳的城市景观，为解决当下中国和世界的水生态系统问题提供了一个可以借鉴的样板，创立了新的公园建造和管理模式（图4-27）。美国景观设计师协会授予它 2010 年度设计杰出奖，它同时还获得了 2012 年度的世界建筑新闻奖（WAN Awards）城市更新单元设计杰出奖。

图 4-27　上海后滩公园建成前后对比（上：建成前，下：建成后）

案例：海口美舍河凤翔公园

凤翔湿地公园是美舍河水环境整治最重要的生态修复段，规划设计面积约 78.5hm²，于 2018 年竣工。公园内部打造了错落有致的梯级人工湿地净化系统，搭建了水岸融合、绿意盎然的生态廊道，保护和恢复湿地系统，全面推进了水体治理。公园运行后每天可处理 3500t 生活污水，出水水质可达城镇污水处理一级 A 标准。昔日黑臭的美舍河已华丽变身为穿城而过的景观河，碧波荡漾，鱼儿自由嬉戏，岸上树木葱郁，鸟语花香，行人悠闲自在，如同一幅美丽的画卷，可谓"鱼在水中游，人在画中行"。如今凤翔湿地公园已成为市民游客新的休闲观光点（图 4-28）。

图 4-28　海口美舍河凤翔公园建成前后对比（上：建成前，下：建成后）

第三，形态问题。水本身是无形的，但自然水体是有形态的。逶迤蜿蜒的河流，绵延曲折的海岸，草木葱茏的湖滨和岛屿，深潭浅滩变化无穷的水底，这些都使无形的水变得多姿多彩、生动迷人。更重要的是，这些水体自然形态的背后是水生态系统结构及其丰富的功能，诸如为不同生物提供多样的栖息地，对水流和波浪减速和消能，令水质自我净化，等等。遗憾的是，自然水体的丰富形态往往在人类扭曲的审美观或单一目标的工程思维下，被"整治"得面目全非：滨海带强悍的水泥防波堤，裁弯取直和"三面光"的河流，花岗石和汉白玉的环湖堤岸，还有把丰富多样的湿地挖成宽阔的水面，把连续的河流用水泥或橡胶坝分段用于蓄水，等等，不一而足。这些水体形态的破坏，极大地损害了水生态系统的健康及其生态系统服务功能。

所以，湿地等水体形态的修复至关重要。水体的形态要根据自然地形和水流动力进行设计。滨水带需要去硬还生，修复自然植被，形成水生—湿生—陆生植被过渡带，作为陆地和水之间的缓冲区；水底需要有深潭浅滩，营建多样化的生物栖息地；水中要有大小不一的岛屿，既可以消浪护岸，又可以作为鸟类的栖息地，同时使水面变得层次丰富，更加美丽动人。

案例：秦皇岛海滨生态修复

秦皇岛海滨生态修复工程位于渤海海滨，长 6.4km，占地 60hm²。场地原先是垃圾遍地、侵蚀严重、生态环境退化的滨海滩地。设计策略以生态系统服务仿生修复为主导，利用雨水的滞蓄过程进行海岸带生态修复，恢复海滩的潮间带湿地系统；砸掉了海岸带的水泥防波堤，取而代之的是环境友好的抛石护堤；发明了一种箱式基础，方便在软质海滩上进行栈道和服务设施的建设。2008 年项目建成后，海岸线侵蚀速率大大降低，海滨湿地变得生机勃勃，同时成为旅游观光点。中国观鸟记录中心的数据显示，近几年观测到的鸟类数量呈逐年增加的趋势。至 2014 年，野生鸟类达到 460 种，比 2005 年增加了 35 种。2009 年获滨水中心荣誉奖，2010 年获美国景观设计师协会设计荣誉奖（图 4-29）。

图 4-29　秦皇岛海滨生态修复前后对比（上：建成前，下：建成后）

案例：迁安三里河生态廊道

　　三里河生态廊道位于河北省迁安市东部的河东区三里河沿岸，项目占地约135hm²，全长绵延13.4km，宽度100~300m，于2010年5月建成。20世纪70年代后期，由于城关附近工业不断发展和城镇人口增长，区域水资源短缺，河流干涸，大量工业废水和生活污水排入河道，水质遭到严重污染。项目利用高差将滦河水引入三里河，并运用"蜿蜒拟自然水道＋湿地链"的做法来恢复水生态系统弹性以应对滦河水位变化。在已构建的丰富的地形结构基础上，通过乡土植物混播，形成与环境相适应的乡土自然群落。并通过雨污分流和沿河湿地植物带使流入河流的雨水得到土壤、微生物以及植物的多重净化。同时，通过栈桥连接，最小介入、最大化地提升城市河流的使用功能（图4-30）。2013年获美国景观设计师协会年度设计和规划奖。评委会称该设计："尺度令人印象深刻，蜕变惊人，细节处理非常完美。娴熟的植被栽种展示了对园艺的深刻理解。这是一个净化水体的伟大环境筹略。一个美丽的作品。"

图4-30　迁安三里河生态廊道建成前后对比，通过建立生态廊道，系统修复城市河流（上：建成前，下：建成后）

作为喀山市的主要滨水地带，卡班湖湖岸生态治理包括 2km 长的岸线，占地面积约 30hm²。建成前，大量生活垃圾和工业垃圾长期被倾倒在湖边，水泥堤防湖滨变成寸草不生的荒漠。卡班湖采用 3 项革命性策略，重构了一个蓝绿色的网络，重新激活了被废弃的湖岸，提升了喀山的活力。重构的水系统在将分离的湖体重新连接的同时，构筑了喀山的城市发展格局；将灰色的钢筋水泥改造为勃勃生机的湿地，化城市污水为净水，恢复了水体的自然活力。适于人慢行的湖岸步道连城市于一体，创造了一个多元包容的开放空间。卡班湖复活的湖岸创造了一个融生态健康、文化活力、居民归属感、城市认同感于一体的生命空间。2018 年 5 月对公众开放以来，每天有 5 万人使用（图 4-31）。

图 4-31　城市湖泊滨水带生态修复：喀山卡班湖滨水区修复
前后对比（上：建成前，下：建成后）

（3）生物栖息地生态修复

大规模的人类活动，包括城市扩张、大规模的灰色基础设施建设、水域岸线硬化、污水排放及垃圾处置不当等，使城市中的生物栖息地以惊人的速度丧失。城市建设应该修复生物栖息地，保护和恢复生物多样性，重点需注意以下几个方面：

第一，修复生物栖息地的自然形态，恢复生物生存空间。栖息地是生物生存和繁衍的场所，其多样性是物种和基因多样性的保障和基础。

第二，修复关键的生态过程。栖息地是地理单元内各种环境因素的总和，每一种因素的微妙变化都会对生物的生存造成影响。结合城市建设，包括绿化、防洪治旱排涝、黑臭水体治理，以生物栖息地关键生态过程的完整性和连续性为导向，修复生物栖息地的水循环过程、鱼类洄游通道、动物迁徙廊道、植物群落结构、土壤养分循环等。

第三，尽量采用本土物种。修复过程中应避免外来物种和园艺栽培物种的泛滥；同时，考虑在滨水地带优先选择具有净化水体作用的水生植物，在土壤污染地带优先选择能够吸附土壤污染物的植物种类。

案例：三亚红树林生态公园

作为三亚重要生物栖息地的红树林生态公园，位于三亚咸淡水交汇处，湿地水域面积 13911m² ，于 2016 年建成。建成前，大部分河道硬化，丧失原有的生态功能及休闲服务功能；植被破坏严重，特别是滨河红树林保护区，与 1995 年相比，红树林面积减少 92%。建成后，公园海绵般的雨水收集设施自由吸纳城市雨洪并将其转化为洁净的淡水资源，为红树林的生长提供了优质水源。公园创造性地利用原有的鱼塘、湿地、沟渠，恢复了适宜红树林生长的自然环境，同时为水鸟构筑了丰富的栖息地。三亚市的居民拥有了一个以红树林保护为核心的集生态涵养、科普教育、休闲游憩于一体的科普乐园（图 4-32）。

图 4-32 生物栖息地生态修复：三亚红树林生态公园
建成前后对比（上：建成前，下：建成后）

1 棕地一词，最早出现于
1980 年美国国会通过的
《环境应对、赔偿和责任
综合法》（*Comprehensive
Environmental Response,
Compensation, and Liability
Act*，简称 CERCLA）中。
该法将棕地定义为由于现
实的或者潜在的有害和危
险物的污染而影响其扩
展、振兴和重新利用的一
些不动产。在英国，棕地
被定义为以前被工业污
染，可能会对一般环境造
成危害，但有清理与再开
发需求的用地。* 各国虽
然对棕地的定义有不同的
侧重点，但普遍认为棕地
是指废弃或半废弃的前工
业和商业用地与设施用
地。棕地基本特征可归纳
为：是城镇建设区域内已
开发利用过的土地；部分
或全部遭废弃、闲置或无人
使用；可能遭受（工业）
污染；可以重新开发并再
次利用，但可能存在各种
障碍。

* Communities and Local
Government, "Housing,"
Planning Policy Statement 3
(PPS3), 2011, http://www.
housinglin.org.uk/_library/
Resources/Housing/Policy_
documents/PPS3.pdf.

（4）工业棕地生态修复

工业棕地（brownfield）[1] 是指工业用地废弃后遗留的具有一定程
度污染的厂区、厂房和附属设施用地。土地资源是不可再生的，但土地的利用方式和属性是可以循环再生。棕地的治理与再开发是城市可持续发展的必然选择。城市中的棕地往往位于城市的中心区或近郊，是城市建设的重要储备地段，具有便利的交通条件和完备的基础设施。此外，因以往工业运输的需要，很多工业棕地位于江河湖海的滨水地带，在城市滨水空间的建设中占据重要的位置。棕地经过治理以后，可以被开发成具有各类用途的用地，包括公园、商业区、办公室与住宅区，既可以缓解土地利用压力，集约利用土地，又可以促进经济增长。

工业棕地的改造项目主要涉及工业厂房用地和服务于工业发展的基础设施两大类。经过综合治理，工业棕地可具有多种用途，主要有两种典型用地模式。

城市的公共空间。通过生态修复全面治理被污染的土地，将其改造为居民的休闲娱乐空间。一方面，对废弃的工业厂房和基础设施进行生态修复，将其转变为公共绿地，实现"棕地"向"绿地"的转变，如广东中山岐江公园、美国纽约的高线公园。另一方面，可保留场地内的工业遗产作为城市记忆，并可以利用为公共文化和服务设施。

产业的更新和置换。通过全面治理被污染的土地，改变土地用途，赋予棕地以新的功能。在城市更新实践中大多通过新型高科技产业、创意产业置换传统产业，形成新兴产业园、艺术工坊，如德国的鲁尔工业园区、北京的 798 艺术园区等。

案例：广东中山岐江公园

岐江公园位于广东省中山市区，总面积 10.3hm²，于 2001 年建成。岐江公园原址为粤中造船厂，该项目通过最小干预理念，保留造船厂旧址上的设施与原有植被，进行城市棕地的再利用。通过保留造船厂旧址上的现有资源，挖掘场地的历史记忆和美学价值，重新利用工业设施和厂房，将其变成美术馆和游憩设施，留下的铁轨变成了体育锻炼的场地。茂盛的野草与生锈的厂房和铁轨相映生辉,公园变成了一个开放的、反映工业时代文化特色的公共休闲场所。该项目是中国城市棕地改造的开创性项目,现已成为城市公园和产业用地结合的优秀范例。美国景观设计师协会授予它 2002 年度设计荣誉奖,它还获得了 2009 年国际城市土地学会(Urban Land Institute)亚太区杰出奖(图 4-33)。

图 4-33　广东中山岐江公园建成前后对比(上:建成前,下:建成后)

案例：美国西雅图滨水区景观改造

美国西雅图滨水区位于华盛顿州西雅图市的北部滨海岸地带，周边有一些华而不实的旅游商店和渐渐衰败的码头，以及破旧的历史构筑物，水体也遭受了极大的污染，是工业发展衰退而产生的城市棕地。西雅图中央滨水区改造通过对场地历史构筑物的再利用，使原本逐渐衰败的码头和岸线重新恢复活力；通过恢复自然生态环境，改造被污染的水岸，使其重新发挥生物栖息地的功能；通过生态修复，恢复原来遭到污染的土地，将工业废弃地转变为供居民游憩的公共空间。这些做法使西雅图市中央滨水区的改造具有良好的可持续发展特征，实现了自然环境的修复，在丰富城市中心区人们生活的同时，为城市的土地开发和利用提供了更多可能性（图4-34）。

图 4-34 西雅图中心滨水区鸟瞰图

图片来源：James Corner Field Operations

案例：天津桥园

桥园位于天津市中心城区河东区，占地 22hm²，是盐碱化工业棕地生态修复的成功案例之一。项目通过模拟生态系统自我再生过程，实现高度人工化环境中的土地生态恢复，实现综合的生态系统服务功能；通过地形改造，利用深浅不一的坑塘洼地收集、净化雨水，同时促进植物自然演替，营造多样的生境，引导自发的生态修复，经济、高效地解决了场地的污染、生境退化等问题。桥园由原先垃圾遍地、污水横流、盐碱化严重的废弃地变成了城市绿地和开放空间，不仅解决了土壤盐碱化等问题，同时也为城市提供了多样化的生态系统服务，包括雨洪蓄留、乡土生物多样性保护、环境教育和审美启迪，成为提供游憩服务、多功能的生态型公园。建园后监测显示，土壤盐碱化得到了改善，动植物种类增加。公园造价低廉，管理成本很低。该项目获得 2009 年世界建筑节奖（World Architecture Festival，简称 WAF）及 2010 年美国景观设计师协会年度设计奖（图 4-35）。

图 4-35　天津桥园建成前后对比（上：建成前，下：建成后）

案例：纽约高线公园铁路改造

　　高线公园是由一条废弃高架铁路改造而成的城市公共空间，它位于纽约曼哈顿西侧，长约 2.4km，总占地面积约 1.2hm²，距地面高 9.1m，跨越 22 个街区，于 2006 年开始建设，经历三期工程后，于 2014 年 9 月完全对市民开放。高线公园按照生态可持续性、城市更新和适应性再利用的原则，将废弃的高架铁路改建为新的城市廊道。它保留了高线铁路遗址、锈蚀的铁轨、废弃的厂房，这些景观与自生的野草相映成趣，为纽约西区的工业化历史留下了岁月的美感。它利用其修长的形态，不间断地横向切入沿途多变的城市景观，为游走于公园的市民提供了观赏城市的独特视角。美国景观设计师协会授予一期工程 2010 年度通用设计荣誉奖，二期工程又获得 2013 年度的该奖项（图 4-36 ）。

图 4-36　纽约高线公园：将废弃的城市铁轨保留改造成为受欢迎的线性公园

（5）废弃物生态化处理

　　废弃物生态化处理是指有效地利用生物链来处理城市污染物或者污染源，既起到生态平衡的作用，又起到净化环保的作用，如垃圾生态化处理等。

城市垃圾生态化处理。随着城市人口的增加和人均消费水平的提高，城市垃圾产生量逐年增加，数量巨大。住房和城乡建设部 2018 年发布的《中国城市建设统计年鉴》数据显示，2010 年以来，我国生活垃圾清运量快速上升，2010—2017 年年均增长率为 4.5%，2017 年城市生活垃圾清运量达 2.15 亿吨。目前，我国城市垃圾处理主要采用填埋法、堆肥法和焚烧法。垃圾处理减量化、资源化水平较低。

对垃圾进行资源化生态处理的手段包括：首先，在源头上对固体废弃物进行减量化处理，尽量减少废弃物的产生。其次，进行分类收集和筛选，例如城市生活垃圾，第一次分类是把食物性垃圾（可堆腐物）和非食物性垃圾（可燃物和可回收物）分开；第二次分类是把一般非食物性垃圾送到专业的城市垃圾资源化工厂，用人工或机械进行再分类，将垃圾中的金属、纸张、玻璃、塑料、橡胶等可回收物分选出来，作为原料进行垃圾资源再利用，加工生产再生产品。将垃圾中可燃有机物分选出来进行焚烧处理，不仅可使垃圾减量、无害，还可产生热能。[1] 最后，垃圾生态资源化处理模式有以下几种：一是能源回收利用。通过适度发展生活垃圾焚烧发电、餐厨垃圾厌氧产气、卫生填埋气体利用等生物质能循环再利用技术，产生热能和电能供城市使用；另外可将各类固体废弃物处理设施集中合理配置，实现设施间的物质和能量循环。二是物质回收利用。通过分选技术、堆肥以及无机垃圾制砖等处理和再生利用技术，实现垃圾资源化。三是垃圾处理设施再利用。垃圾填埋场通过植被和土壤生态修复以及公共活动空间的景观设计，成为可以再利用的景观和公共场所（图 4-37）。

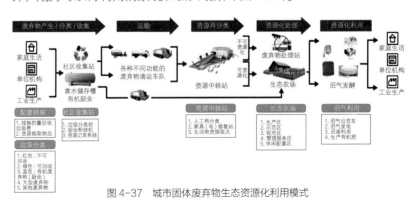

图 4-37　城市固体废弃物生态资源化利用模式

案例：西班牙垃圾场景观

西班牙瓦尔·德恩·琼（Vall d'en Joan）垃圾填埋场，占地面积70万平方米，建于1974年，位于加拉夫自然公园的一个石灰岩山丘内。场地修复前垃圾遍布，裸露在自然风景之中。修复工程从三个方面进行：一是解决复杂的技术问题，包括根据场地形状确定需要稳定和防护的区域，布置管道收集沼气排除产生的渗透液；二是将垃圾填埋场做成意大利式的台地式景观，并使其成为一个公共空间；三是引入适应受损场地的农业景观。此设计不仅仅是对景观的追求，也向人们展示了新社会对待环境应有的态度（图4-38）。

图4-38 西班牙瓦尔·德恩·琼垃圾填埋场景观修复，
将山谷底部做防渗处理，地表修复成梯级台地景观

（6）基础设施生态化

大规模的城市灰色基础设施，包括水泥防洪堤坝、道路、隧道、桥梁、远距离调水工程、管道工程、机场、码头等，它们在保障城市安全和社会经济繁荣的同时，使人与自然分离，并使自然元素如水、土、植物和动物被分割。如何使城市灰色基础设施与自然格局和生态过程相适应，尽可能减少对自然格局和过程的冲击，甚至使二者能和谐共生，是当代城市与自然协同设计的崭新课题，世界各地都在探索之中。

　　首先，对不可避免的灰色基础设施建设，生态化的选址和建造方式——在哪里建以及如何建的问题，对其生态友好性至关重要。在选址或选线上要避免对生态敏感地带的破坏和对生态过程如水文和动物迁徙的阻隔，尽可能避免侵占滨海潮间带、江河滨水带、湿地和珍稀动植物栖息地（图 4-39）。然而，我们常常看到滨海大道、环湖大道、滨江大道被城市决策者当作引以为豪的建设成就。实际上，这样的选址和选线大多以失败告终，是生态灾难性工程。而在保证基础设施功能要求的前提下，如何设计其形式也是至关重要的生态学问题。如在自然地形和生物群落复杂的环境中，4 个车道如果设计成 "2+2" 两个路幅，每个路幅各自根据地形、水文和植被情况进行设计，远比 4 车道一个整版路幅度对自然生态的破坏小。

图 4-39　基础设施生态化：美国弗吉尼亚风景道设计，结合地形分路幅设计，使灰色基础设施生态化，不但减少了土方工程量，就地解决了排水问题，还保留了植被，给动物穿越道路带来方便，同时创造了宜人的驱车环境

　　其次，对已经建成的灰色基础设施，可通过生态化的设计，使其成为对环境更加友好的工程（图 4-40）。如结合自然水循环过程的生态修复，构建与洪水重现期相适应的生态防洪堤；将没有生命的防洪堤坝改造成生态友好的设计，为生物提供栖息场所和迁徙通道；采用可渗水的道路铺装、与绿化相结合的生态停车场等；在不影响功能和

安全的前提下，对交通和水利工程采取绿化措施；通过陆地生物桥和生物通道、鱼道的设计等，在一定程度上克服高速道路和大坝等对生物的影响。

图 4-40　基础设施生态化：生物通道，给动物的迁徙带来方便

图片来源：Photo by WikiPedant at Wikimedia Commons, https://commons.wikimedia.org/w/index.php? title=File:Wildlife_overpass_Trans-Canada_Hwy_between_Banff_and_LakeLouise_Alberta.jpg&oldid=344474371

案例：浙江金华燕尾洲公园

燕尾洲公园是金华市义乌江和武义江汇合处的一片清新绿洲，面积约75hm²。建成前，受强烈的海洋季风气候影响，旱、雨季分明，雨季常受洪水之扰。同时，为了争取更多的便宜土地进行城市建设，大量河漫滩被围建开发。两江沿岸筑起了水泥高堤以防御洪水，隔断了人与江、城与江、植物与江水的联系。燕尾洲公园是一个生态化防洪的实验性工程，它通过建立生态防洪堤、种植适应于旱涝的植被和采取良好的透水铺装设计，实现了防洪设施的生态化。同时，它通过可达性良好、多坡道和广泛适用的步道系统及步行桥，将分割的城市连为一体，在保护闹市中罕见的河漫滩生境的同时，还给市民提供了一个方便使用的公共游憩空间。2014 年 5 月公园开放以后，万人空巷，游人如织，平均每天有 4 万人来到公园，当地媒体惊呼"一座城市为一座桥而发狂"。如今，燕尾洲公园已经成为金华市的一张新名片。2015 年获得世界建筑节年度最佳景观奖（图 4-41）。

图 4-41　基础设施生态化：浙江金华燕尾洲公园，对水泥防洪堤进行生态化改造，使其成为"梯田"，种植乡土植被，韧性防洪（上：建成前，下：建成后）

4.3.4　海绵城市建设

当今城市正面临的各种水问题是一个系统性、综合性的问题，我们亟需一个综合性全面的解决方案。"海绵城市"正是这样一种综合解决城市水生态、水环境、水资源和水安全问题的途径。海绵城市建设实质上是城市生态修复的一种类型，在这里单独拿出来讨论，是因为中国目前大部分城市都面临同样的城市水问题，它与市民的日常生活紧密相关，已经成为国家层面决策层关心的大问题。2014 年 2 月，《住房和城乡建设部城市建设司 2014 年工作要点》中明确提出："改善城镇人居生态环境，切实加强城市综合管理，预防和治理'城市病'，推进城镇化健康发展。""加快研究建设海绵型城市的政策措施"，全面铺开海绵城市建设试点工作，并遴选出第一批 16 个试点城市。至此，党的执政理念具体化为部门的实际行动。海绵城市强调通过源头消纳滞蓄、减少排放，过程减速消能、控制径流，末端弹性适应、系统治理，修复城市自然水循环过程。在此绿色海绵的基础上，再结合"灰"色管网排水系统，提高城市基础设施的系统性，综合解决城市的水问题，实现水体污染降解、地下水补给、土壤净化、生物栖息地修复，为市民打造休憩和审美环境。

（1）海绵城市建设的基本理念

以"海绵"来比喻一个富有弹性，以自然积存、自然渗透、自然净化为特征的生态城市，其中包含深刻的哲理：强调将有化为无，将大化为小，将排他化为包容，将集中化为分散，将快化为慢，将刚硬化为柔和。诚如老子所言："道恒无为，而无不为"，这正是"海绵"哲学的精髓。这种"海绵"哲理包括以下五个方面：

第一，完全的生态系统价值观，而非功利主义的、片面的价值观。稍加观察就不难发现，人们对待雨水的态度实际上是非常功利、非常自私的。砖瓦场的窑工，天天祈祷第二天是个大晴天；而久旱之后的农人，则天天到龙王庙里烧香，祈求天降甘霖；城里人却又把农夫的甘霖当祸害。同类之间尚且如此，对诸如青蛙之类的其他物种，就更无关怀和体谅可言了。"海绵"的哲学是包容，对这种以人类个体利益为中心的雨水价值观提出了挑战，它宣告：天赐雨水都是有其价值的，不仅对某个人或某个物种有价值，对整个生态系统而言都具有天然的价值。人作为这个系统的有机组成部分，是整个生态系统的必然产物和天然的受惠者。所以，每一滴雨水都有它的含义和价值，"海绵"珍惜并试图留下每一滴雨水。

第二，就地解决水问题，而非将其转嫁给异地。把灾害转嫁给异地，诸如一些防洪大堤和异地调水工程，都是把洪水排到下游或对岸，或把干旱和水短缺的祸害转嫁给无辜的弱势地区和群体。"海绵"的哲学是就地调节旱涝，发挥自然系统的自我调节功能。中国古代的生存智慧是将水作为财富，就地蓄留——无论是来自屋顶的雨水，还是来自山坡的径流。因此有了农家天井中的蓄水缸和遍布中国广大土地的陂塘系统。这种"海绵"景观既是古代先民应对旱涝的智慧，也是几千年来以生命为代价换来的经验和智慧在大地上的烙印（图4-42）。

图 4-42　就地渗蓄：雨水花园，中国"方圆"（法国休蒙园林展览）

案例：哈尔滨群力公园

这是城市中心海绵体营造及其效果观察的一个实验，哈尔滨群力公园运用中国农业传统中的桑基鱼塘技术，对城市低洼地进行简单的填—挖方处理，营造了城市中心的绿色海绵体。结果表明，用10%的城市用地，就可以解决城市内涝问题，同时发挥综合的生态系统服务，包括提供乡土生物栖息地、城市休憩地以及提升城市的品质和价值（图4-43）。

图 4-43　源头渗蓄，绿色海绵营造水弹性城市。群力湿地公园
通过填—挖方处理，就地滞蓄和净化雨水

　　第三，分散式的，而非集中式的解决途径。常规的水利工程往往
是集国家或集体意志办大事的体现。而民间分散式的水利工程往往具
有更好的可持续性。古老的民间微型水利工程，如陂塘和水堰，至今仍
充满活力，得到乡民的悉心呵护（图 4-44）。非常遗憾的是，这些千百
年来滋养中国农业文明的民间水利遗产，在当代却遭到大型水利工程的
摧毁。"海绵"的哲学是分散，由千万个细小的单元细胞构成一个完整的
功能体，将外部力量分解吸纳，消化为无，构筑了能满足人类生存与发
展需要的国土生态海绵系统（图 4-45）。

图 4-44　婺源赋春镇：民间的微水利工程，
分散式地解决水资源利用和防洪问题，为当
代海绵城市建设带来灵感

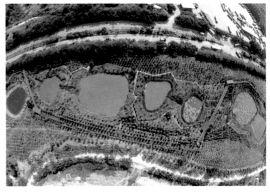

图 4-45　分散而非集中：广州首个海绵城市
建设示范——天河智慧城，把一个大水库分解
成多个串联的水塘，构建海绵系统

第四，慢下来而非快起来，先蓄后排。将洪水、雨水快速排掉，是当代抗洪排涝工程的常规做法，所以"三面光"的河道截面被认为是最高效的，所以裁弯取直被认为是最科学的，所以河床上的树木和灌草必须清除以减少水流阻力也被认为是天经地义的。这种以"快"为标准的水利工程罔顾水文过程的系统性和水文系统主导因子的价值，以至于加剧、加速洪水对环境的破坏，将上游的灾害转嫁给下游；将水与其他生物分离，将水与土地分离，将地表水与地下水分离，将水与人和城市分离；使地下水得不到补充，土地得不到滋养，生物栖息地消失。"海绵"的哲学是使水流慢下来，让它变得"心平气和"，而不再狂野可怖；让它有机会下渗，滋养生命万物；让它有时间净化自身，更让它有机会服务人类。这是一种基于自然的生态智慧回归，是用更明智的方法利用水资源，实现水安全。

第五，弹性应对，而非刚性对抗。当代工程治水忘掉了中国古典哲学的精髓——以柔克刚，却崇尚"严防死守"的对抗哲学。中国大地已经几乎没有一条河流不被刚性的防洪堤坝所捆绑，原本蜿蜒柔和的水流形态，而今都变成刚硬直泄的排水渠。千百年来的防洪抗洪经验告诉我们，当人类用貌似坚不可摧的防线顽固抵御洪水之时，洪水的破堤反击便不远矣——那时的洪水便成为可摧毁一切的猛兽，势不可挡。"海绵"的哲学是弹性，化对抗为和谐共生。如果我们崇尚"智者乐水"的哲学，那么，理水的最高智慧便是以柔克刚。

案例：六盘水明湖湿地公园

六盘水市位于贵州西部、云贵高原腹地，是一个在20世纪60年代中期建立起来的工业城市，城区人口密集，在60km^{2}的土地上，居住了约60万人口。由于坐落在山谷之中，该城市在雨季容易遭受洪涝灾害，而由于是多孔石灰岩地质，到了旱季又易遭受干旱。设计通过建立沿河的梯田和陂塘系统，减缓水的流速，以削减洪峰流量，降低洪水风险；通过多级串并联设计，对水体进行净化；同时将蓄滞的雨水纳入水城河水源保障之中，以最小的干预和介入满足人类游憩的需求，并将其与艺术完美结合。湿地公园可较好地调蓄汇水区径流，并且净化水质。公园建成5年后，植物种类明显增多。公园吸引了大量游客，对提升城市环境和公民健康具有极大的帮助。2014年，该项目获得全美景观设计师协会通用设计荣誉奖，2015年获世界人道主义粮食与水奖（图4-46）。

图4-46　六盘水明湖湿地公园，令水流慢下来，削减雨洪峰值，同时起到净化作用，并使生物群落得以繁衍（上：建成前，下：建成后）

案例：浙江台州永宁江生态防洪

　　永宁江位于浙江金华，穿越黄岩市区，过去几十年间，为了防洪，对河道采取了硬化处理。改造前，混凝土固化驳岸虽然满足防汛要求，但对生态的破坏严重，景观效果差；自然驳岸景观效果良好，但无法满足防汛要求。改造后，驳岸以错落的台田为肌理，通过组合堤顶路、台田种植、广场等，化解了河岸高差，其中堤顶路满足 50 年一遇的防汛要求，同时满足非机动车交通和人行交通的要求，成为城市慢行系统的一部分。在保留现状原生湿地植被的基础上，对遭到破坏的区域进行生境修复，既满足 20 年一遇的防汛要求，也为生物提供了栖息地，为游人提供了安静的观江游憩空间。一期工程于 2015 年建成，实现了固态驳岸形态自然化、景观化，解决了防洪问题，营造了美丽的滨水景观（图 4-47）。

图 4-47　永宁江江北公园，将原来的刚性防洪堤改造成韧性防洪堤
（上：建成前，下：建成后）

（2）海绵城市规划建设的内涵

完整的土地生命系统可提供复杂而丰富的生态系统服务，每一寸土地都具备一定的水源涵养、雨污净化等功能，这也是构建海绵城市的基础。对这些生态系统服务起关键作用的土地及空间，构成一套水生态基础设施——"海绵体"。有别于传统的工程性、缺乏弹性的灰色基础设施，生态基础设施是一个生命系统，它不是为单一功能目标设计的，而是用综合、系统、可持续的方法来解决水问题，包括雨涝调蓄、水源保护和涵养、地下水回补、雨污净化、栖息地修复、土壤净化等（图4-48）。所以，"海绵"不是一个虚的概念，它对应着的是实实在在的景观格局。构建海绵城市即建立相应的水生态基础设施，这也是最为高效和集约的途径（图4-49）。

海绵城市的构建需要在不同尺度上进行，与不同尺度的国土和区域规划及城市规划建设相衔接，包括：

在国土与区域尺度上落实海绵城市建设的理念。海绵城市的构建在这一尺度上重点研究水系统在区域或流域中的空间格局，即进行水

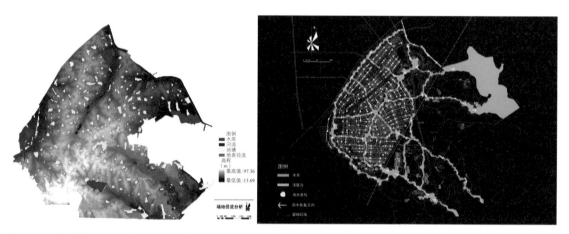

图4-48 尊重土地原有水文状况：中国悠久的农业文明留下了丰厚的雨洪管理智慧，早在汉代，农书就有"四顷田必开一顷塘"的说法。农民世代开垦，在中国广袤的大地上留下了丰富的"海绵"遗产（左：武汉五里界新城土地开发前的水塘分布）；尊重场地原有坑塘系统，建立生态基础设施，作为海绵型城市新区的基础（右：武汉五里界新城基于自然绿地的排水系统，2010年规划）

图 4-49　绿色海绵在调节雨洪的同时成为美丽的生态景观（武汉五里界新城实际建成后）

生态安全格局分析，并将水生态安全格局落实在国土空间规划中，成为国土和区域的生态基础设施。

在城区尺度上落实海绵城市建设的理念。主要指城区、乡镇、村庄尺度，或者城市新区和功能区块。重点研究如何有效利用规划区域内的河道、坑塘，并结合集水区、汇水节点分布，合理规划且形成实体的"城镇海绵系统"，并最终落实到城市建设规划甚至是项目建设规划上，综合实现规划区域内滨水栖息地恢复、水量平衡、雨污净化、文化游憩空间的规划设计和建设。

绿色海绵：微观场地的"海绵体"。海绵城市最后必须要落实到具体的"海绵体"上，包括公园、小区等区域和局域集水单元的建设，这一尺度对应的是一系列水生态基础设施建设技术的集成，包括保护自然的最小干预技术、与洪水为友的生态防洪技术、加强型人工湿地净化技术、城市雨洪管理绿色海绵技术、生态系统服务仿生修复技术等，这些技术重点研究如何通过具体的景观设计方法让水系统的生态功能发挥出来（图 4-50）。

图 4-50　海绵城市：深受市民欢迎的城市中的绿色海绵，下沉式的公园和街道绿地，可有效解决季风气候下的中国城市内涝问题（上：海南陵水）；居住小区中的海绵型绿地，就地缓解城市内涝。2015—2019 年，由住房和城乡建设部牵头开展的 30 个海绵城市试点城市，经过海绵化小区、城市街道及公共绿地的改造，有效缓解了试点城市的内涝困境，成果显著（下：江苏镇江华润小区）

图片来源：上，俞孔坚　摄；下，宋煜　摄

（3）海绵城市建设的技术是古今中外水生态智慧的集成

"海绵城市"的提出有其深厚的理论基础，是对一系列具体雨洪管理技术的集成和提炼，它使用统筹的方式、系统的方法来解决城市水问题，是对大量实践经验的总结和归纳。可以纳入海绵城市体系的技术包括以下四类：

第一，基于自然的生态设计技术。自然生态系统生生不息，为维持人类生存和满足其需要提供各种服务。生态设计就是要充分利用自然系统的能动作用，强调人与自然的共生和合作关系。从更深层的意义上说，生态设计是一种最大限度地借助于自然力的最少设计。

第二，古代水适应技术遗产。先民在长期的水资源管理及与旱涝灾害对抗的过程中，积累了大量具有朴素生态价值的经验和智慧，增强了适应水环境的能力。同时，古代人民还创造了丰富的水利技术，例如我国有着 2500 年历史的陂塘系统，它同时提供了水文调节、水质净化、水土保持、生物多样性保护、生产等多种生态系统服务。

第三，当代西方雨洪管理的先进技术。包括低影响开发技术、水敏感城市设计等（图 4-51）。

图 4-51　德国汉诺威的康斯伯格（Kronsberg）社区：德国城市有先进的雨洪管理方式，下沉式的社区绿地，形成自然渗透和滞蓄的雨水花园

第四，适应当代中国城市的市政管理体系。包括"控源截污、内源治理、生态修复、活水保质"的城市水环境治理体系，以及"源头减排、排水管渠、排涝除险"的城市排水防涝工程体系。

总之，海绵城市建设必须因地制宜地集成应用古今中外的雨洪管理智慧，以自然为基础，充分利用自然积存、自然渗透和自然净化的智慧，来创建健康而优美的城市环境。

4.4 发展循环经济，实现绿色生产生活方式

人类对自然的破坏从根本上源于高消耗和高排放的生产生活方式。只有通过减量、循环、再生和丰产的途径使人类对自然资产的消耗和冲击在自然的生态承载范围之内，人类和城市才有可持续的未来。

循环经济指的是在生产、流通和消费等过程中减量化、再利用、资源化的总称。这种全新的经济发展模式是人类重新审视人与自然关系的必然结果，是破解资源环境瓶颈约束、促进生态文明建设的重要途径。[1] 通过发展循环经济，从生产、生活各个方面入手，加大相关政策实施力度，并在环境被破坏之前采取相应的措施，尽最大可能减少对环境的污染。在生产层面构建循环产业体系，在生活层面推进循环型生活行为，最终促进生产生活体系形成循环链接，实现全社会发展的大循环。

1 左铁镛：《发展循环经济，建设生态文明》，浙江教育出版社，2013，第125-127 页。

4.4.1 构建循环产业体系

循环经济要求发展绿色产业，包括绿色的工业、农业、交通、能源、建筑、旅游、服务等，要使资源消耗量减少到最低，使污染排放量减少到最小。

（1）构建循环工业体系

构建循环工业体系就是要在工业领域全面实施循环型生产方式。首先，在产业投入上，应提倡采用新技术、新工艺、新设备、新材料

等，鼓励引进和使用各类绿色技术。通过制定与强制性执行各类绿色、低碳、节能、减排、环保技术标准和标识制度来确保产业投入的减量化与绿色化。其次，在生产过程中，实现清洁生产，控制资源和能源的高排放、高污染。一方面是清洁能源的使用，加快核电、风电、太阳能光伏发电等新材料、新装备的研发和推广，推进生物质发电、生物质能源、沼气、地热、浅层地温能、海洋能等的应用，发展分布式能源，建设智能电网；另一方面是保证清洁的生产过程，尽可能不用或少用有毒有害原料和中间产品。最后，在产品产出上，实现资源的循环利用，提高资源和能源的利用率。有计划地形成循环产业链，促进资源的循环利用，比如生态园区就是循环经济的典型模式之一。

1 左铁镛：《关于循环经济的思考》，《资源节约与环保》2006 年第 22 卷第 1 期。

知识链接：循环经济与 3R 原则

循环经济的思想萌芽产生于 20 世纪 60 年代的美国，"循环经济"这一术语在中国则出现于 20 世纪 90 年代中期。当前，中国社会普遍推行的是国家发展改革委对循环经济的定义："循环经济是一种以资源的高效利用和循环利用为核心，以'减量化、再利用、资源化'为原则，以低消耗、低排放、高效率为基本特征，符合可持续发展理念的经济增长模式，是对'大量生产、大量消费、大量废弃'的传统增长模式的根本变革"。[1]可以看出，循环经济的核心是物质能量资源节约与循环利用（图 4-52）。循环经济抓住了当前中国资源相对短缺而又大量消耗的症结，对突破中国资源对经济发展的制约具有迫切的现实意义，是符合可持续发展理念的经济增长模式。

3R 原则是循环经济的核心内容，是减量化、再利用和再循环的简称。详见本书 3.2.5。

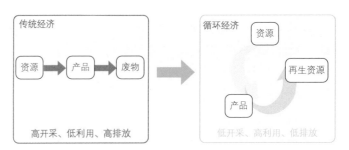

图 4-52　传统经济与循环经济

案例：丹麦卡伦堡生态工业园

卡伦堡是位于丹麦的一个滨海小镇，是目前世界上运行工业生态系统最为成功的典范。在卡伦堡生态工业园中，不同的企业通过"废弃物变原料"的贸易紧密地联系在一起。卡伦堡生态工业园中的工业生态系统是以电厂、炼油厂、制药厂和石膏板厂这四个主体工业企业为核心连接而成的，它以这四个企业为核心，将生产过程中的废弃物或副产品，通过贸易形式供其他企业作原料使用，或替代部分原材料；在这条企业链中还有大棚养殖场、养鱼场、硫酸厂、供热站、水泥厂、农场等。[1]各企业通过物质流、能量流、信息流建立的循环再利用网，不仅为相关公司节约了成本，还减少了对当地空气、水和土地的污染（图 4-53）。

1 马荣、周宏春:《生态工业园的实践与经验》,《经济研究参考》2006 年第 46 期，第 21-24 页。

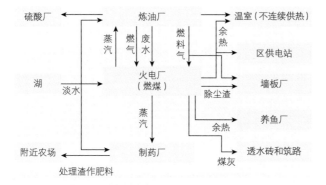

图 4-53　卡伦堡循环工业模式图（上）和工业园区实景图（下）
图片来源：上：作者自绘，下：http://en.wikipedia.org/wiki/Public_domain

（2）发展生态高效的循环农业

在农业生产过程中应从源头减少外来物质的投入量，保证物质投入的无毒无害化，促进资源的循环利用。在物质投入方面应多使用无害的有机肥，减少农药的使用，可利用生物防治等措施治理虫害，减少农业面源污染；推进清洁的原料和能源投入，在生产过程中尽量使用替代性的可再生资源和能源。生产产生的废弃物可以就地解决，成为可以重新利用的资源，而不是无用的垃圾。根据地域特色，实现农业资源的循环利用，提高农业可再生资源综合利用水平。例如，可将沼气集中供气工程设置在秸秆资源丰富的地区以及其他地区的集约化养殖场和养殖小区，以此实现废物资源化利用与环境污染治理的双重目标。另外，应推进种植业、养殖业、农产品加工业、生物质能产业、高效有机肥产业、农林废弃物循环利用产业、休闲农业等产业循环链接，形成无废物排放的循环经济联合体，打造农田内循环、种养循环、多产业循环的复合型循环农业体系。

知识链接：循环农业

1　佚名：《循环农业将大有作为》，《今日科苑》2010年第 19 期。

循环农业是一个自然、生物与人类社会生产活动交织在一起的复杂的大系统，它是一个"自然"再生产与经济再生产相结合的生物物质生产过程。通俗地讲，循环农业就是运用物质循环再生原理和物质多层次利用技术，实现较少废弃物的生产和提高资源利用效率的农业生产方式。[1]例如宁海县在利用种养殖业所产生的废弃物上做文

图 4-54　"畜—沼—粮（果）"的循环农业模式示意图

章，采取农牧结合的发展方式，大力推广畜禽加工还田、沼气工程、秸秆过腹还田等资源循环利用模式，建立了"畜—沼—粮（果）"的循环农业模式（图 4-54）。

（3）构建循环型服务业体系

加快构建循环型服务业体系，推进服务主体绿色化、服务过程清洁化，促进服务业与其他产业融合发展，充分发挥服务业在引导人们树立绿色循环低碳理念、转变消费方式方面的积极作用。[1]

4.4.2　推进绿色生活方式

循环经济不仅运用在生产领域的许多环节，在生活方面同样具有重要的指导意义。在生活方面，通过树立生态优先、绿色发展的理念，从衣食住行等人们生活中的方方面面提倡绿色低碳生活方式，引导人们通过日常的行为参与建设人与自然和谐的城市。

（1）推行绿色消费

推进全社会树立和践行节约、绿色、低碳、循环的理念，引导绿色低碳的适度消费、节约消费，反对铺张浪费，[2] 提高全社会节约电能、热能等能量资源及水、食物等物质资源的意识。鼓励居民购买和使用节能环保产品、减少使用一次性用品，引导居民抵制过度包装的商品。鼓励自备购物袋，禁止使用不可降解购物袋、超薄塑料袋。鼓励城市居民购买应季食物，提倡顺应自然节律的生活。充分利用网络带来的便利，鼓励精准消费。优先选择来自临近区域的食材，减少中间运输环节的耗能和消费。

（2）大力倡导绿色出行

采用以城市公共交通为主的方式，不仅不会降低我们的生活质量，还能节约能源和减少环境污染。按照循环发展、绿色低碳的要求，完善城市交通系统，加强城市步行和自行车交通系统建设（图4-55），构建以公共交通为主导的交通运输体系，引导公民绿色出行。方便又高效的公共交通系统有利于引导居民外出多乘公共交通工具、少开私家车。推进轻轨、快速公交（**Bus Rapid Transit**，简称

1　解振华:《我国生态文明建设的国家战略》,《行政管理改革》2013年第6期。

2　国务院办公厅:《国务院关于印发循环经济发展战略及近期行动计划的通知——循环经济发展战略及近期行动计划》,《中华人民共和国国务院公报》2013年第6期。

BRT）、公共汽（电）车等不同公共交通体系之间以及市内公共交通系统与铁路、高速公路、机场等之间无缝衔接。推行以清洁能源为驱动的公共交通工具，构建清洁低碳、集约高效的绿色交通运输体系。

图 4-55　纽约：通过组织一系列社区活动，鼓励自行车出行

案例：巴西库里蒂巴城市公交系统一体化

1 段里仁：《一个城市交通的国际典范——巴西库里蒂巴市整合公共交通系统》，《城市车辆》2001年第1卷第1期。

　　从 20 世纪 70 年代开始，库里蒂巴市（Curitiba）开始构建沿轴线发展的城市公共交通系统。经过有效的管理和精心的设计，几十年来，库里蒂巴市的城市公共交通严格沿着五条轴线发展，构建了一体化公共交通（The Integrated Transport System），被国际公认为城市公共交通模范城市，联合国《2002 年世界城市发展报告》评价库里蒂巴市的一体化公交系统是世界上最好、最实际的城市交通系统，是 "实现城市可持续发展的典范"。

　　遵循公共交通和步行者优先的原则，库里蒂巴构建了以快速公交为主体的公共交通系统。库里蒂巴市大力兴建自行车道，甚至不惜占用机动车道，在市中心和公共交通系统的总枢纽换乘站附近都设置了大面积的步行区。快速公交专用线路、圆筒车站、换乘枢纽及各种服务功能的公交线路构成了库里蒂巴一体化的公共交通。其中 BRT 是一体化公共交通系统的骨干，其他公共交通线路为其提供驳运或补充。人们可以在圆筒车站内实现 BRT 系统内部及与其他线路的免费同台换乘，在枢纽站则可以实现 BRT 系统与其他不同功能线路的换乘。方便快捷的公共交通系统设施，加上政府对私人机动车辆不鼓励，促使轿车的使用量减少，污染降低[1]（图 4-56）。详见本系列教材《城乡基础设施效率与体系化》5.4。

图 4-56　公交优先的道路设置

图片来源：Luiz Costa, Secretaria Municipal de Comunicação Social da Prefeitura Curitiba

案例：公交引导丹麦哥本哈根的城市发展

以公共交通为导向的发展模式是规划一个居民或者商业区时，使公共交通的使用最大化的一种非汽车化的规划设计方式。TOD 城市开发是城市可持续发展的一种理想模式。丹麦首都哥本哈根通过利用城市轨道交通建设来引导城市发展，并且取得了良好的效果，成为全球范围内著名的 TOD 成功案例（图 4-57）。

哥本哈根市拥有 206 万人口，其中主城区人口为 77 万。早在 1947 年，该市就提出了著名的"手指形态规划"，该规划规定城市开发要沿着几条狭窄的放射形走廊集中进行，走廊间被森林、农田和开放绿地组成的绿楔所分隔。[1]在之后的几十年里，哥本哈根市沿着这些从市中心向外辐射的走廊建设了发达的轨道交通系统，沿线的土地开发与轨道交通系统的建设紧密结合，轨道交通车站附近聚集了大多数公共建筑和高密度住宅区，使得新城的居民能够方便地利用轨道交通出行。同时，在中心城区，公共交通系统与完善的行人和自行车系统无缝连接，居民可以更加便利地利用公共交通出行。以 TOD为导向进行城市规划的哥本哈根，作为欧洲人均收入最高的城市之一，人均汽车拥有率却很低，人们在出行时更多的是选择公共交通、步行和自行车等交通方式。

1　冯浚、徐康明：《哥本哈根 TOD 模式研究》,《城市交通》2006 年第 4 卷第 2 期。

图 4-57　公共交通与自行车无缝衔接：哥本哈根市诺里波特
（Nørreport）地铁站的自行车停车场地

图片来源：李迪华　摄

（3）推进绿色建筑行动

| 国务院办公厅：《国务院
关于印发循环经济发展战
略及近期行动计划的通
知——循环经济发展战略
及近期行动计划》，《中
华人民共和国国务院公
报》2013 年第 6 期。

　　建筑节能是社会层面循环经济中非常重要的一个方面，我国既有
的约 400 亿平方米的建筑，绝大部分为高能耗建筑，建筑能耗超过社
会总能耗的 20%，节能潜力很大。应在全社会推进建筑节能，通过采
用节能绿色的建筑材料、产品和设备，执行建筑节能标准，在保证建
筑物基本的使用功能和室内热环境质量的前提下，合理而有效地降低
建筑能耗，提高能源利用效率。特别是大型公共建筑，节能更是大有
文章可做。应重点推动党政机关、学校、医院以及影剧院、博物馆、
科技馆、体育馆等建筑根据绿色建筑标准进行建造。| 全面实行建筑
节能有利于从根本上促进物质和能源节约和合理利用，缓解人居需要
和生态环境之间的矛盾。

案例：绿色建筑评价标准——DGNB 绿色建筑评估体系

　　德国可持续建筑协会认证（Deutsche Geselischaft für nachhaltiges
Bauen e.v.，简称 DGNB），由德国可持续建筑委员会与德国政府共同开发编
制，代表世界最高水平的第二代绿色建筑评估认证体系。DGNB 着眼于建筑

全寿命过程，它覆盖了从办公、商业、工业、学校和医疗等在内的现今大多数类型的单个建筑，到建筑群以及城区建筑行业的整个产业链。该体系包含了建造成本、运营成本、回收成本、有效评估控制建筑成本和投资风险等建筑全寿命周期成本计算。通过对 6 个核心要素——基地质量、生态质量、经济质量、社会文化及功能质量、技术质量、过程质量的评估来综合评定建筑的可持续性（50% 以上为铜级，65% 以上为银级，80% 以上为金级）（图 4-58）。

如今，DGNB 认证的世界级建筑标准已全球共识，被视为"21 世纪的建筑新标签"。通过 DGNB 认证可在项目初期为业主提供准确可靠的建筑建造和运营成本分析，使绿色建筑真正能够达到既定的建筑性能优化和环保节能目标，展示如何通过提高可持续性获得更大经济回报。[1]

1 卢求：《德国 DGNB——世界第二代绿色建筑评估体系》，《世界建筑》，2010 年第 1 期。

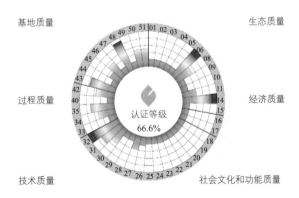

图 4-58 DGNB 认证的 6 个方面（上）和评估软件生成的评估图直观显示了达标情况（下）

图片来源：卢求：《德国 DGNB——世界第二代绿色建筑评估体系》，《世界建筑》，2010 年第 1 期

（4）倡导垃圾分类回收

1　国务院办公厅:《国务院关于印发循环经济发展战略及近期行动计划的通知——循环经济发展战略及近期行动计划》,《中华人民共和国国务院公报》2013年第6期。

倡导居民进行垃圾分类，健全资源循环利用回收体系，推动再生资源利用产业化发展，[1] 对于缓解当前资源紧缺、减轻环境污染和生态破坏压力，有着重要的意义。加强垃圾分类宣传活动，让"绿色、低碳、环保"的理念深入人心，促使全民参与到实践垃圾分类的行动中来。鼓励居民分开盛放和投放厨余等有机生活垃圾，建立单独的收运系统，实现生活垃圾的单独收集和循环利用。因此，应加快完善生活垃圾分类回收、运输和处理体系，建设城市垃圾回收站点、分拣中心、集散市场三位一体的回收网络。

案例：荷兰垃圾管理系统

荷兰是一个人口密度非常高的国家，拥有1700万人口，但国土面积仅4.18万平方公里，有限的空间和资源决定了它要通过循环经济来实现资源的节约和循环利用。荷兰早在1979年就开始实施垃圾分类制度，提出垃圾管理的终极目标是"高回收、再利用、全处理、零填埋"。荷兰垃圾管理的科学原则为，首先防止垃圾产生，其次是垃圾环保处理，最后是剩余垃圾处理，以将垃圾处理量减到最小。在垃圾环保处理上，"回收再利用"是首选的环保处理方法。经过多重技术加工处理，回收后的垃圾变成有机肥料，回收材料制成合成材料和特色产品，回收纸张纤维，减少森林砍伐，建筑垃圾也能大部分加工后循环使用。在剩余垃圾处理上，首先以高效的环保技术进行焚烧，产生能源，最后剩下的很小的部分，才进行科学填埋处理，严防地下水、土壤等自然环境污染。荷兰垃圾填埋率仅为1%。

经过近些年的努力，荷兰的垃圾管理取得了巨大的成绩。欧盟整体的垃圾回收目标是在2020年可见的生活垃圾循环利用率至少达到50%，而在荷兰，这个目标在2013年已经达到，2016年荷兰生活垃圾可持续化处理率为79%，位居欧洲前列（图4-59）。

图 4-59　荷兰完善的垃圾回收设施

图片来源：马玉静　摄

4.4.3　促进生产生活体系循环链接

　　将循环产业的理念加以延伸，构建"生产—生活"复合的循环经济模式，使循环产业和循环的社会生活衔接起来，实现整个城市系统的节能减排，减少对自然环境的干扰。

　　应加快构建布局合理、资源节约、环保安全、循环共享的生产生活共生体系。推动生产系统的余能、余热等在生活系统中的循环利用，推动煤层气、沼气等资源在城市供热、供气以及交通等方面的应用；推动再生水在社会系统中的应用，促进生活污水在生产系统中的再利用，推动将生产系统中产生的废水用作生活、生态用水；推进钢铁、电力、水泥行业等生产过程协同资源化处理废弃物，将生活废弃物作为生产过程的原料、燃料。[1]

1　国务院办公厅：《国务院关于印发循环经济发展战略及近期行动计划的通知——循环经济发展战略及近期行动计划》，《中华人民共和国国务院公报》2013 年第 6 期。

05

案 例

● 发达国家比较早地经历了城市病的折磨，也比较早地为解决城市病和推进绿色生产生活发展而进行了大量实践，为中国的城市与自然和谐共生关系的建立提供了丰富的经验。

● 中国城市的大规模生态建设起步较晚，但行动迅速，见效很快，尤其在城市生态修复和海绵城市建设方面，全国各地都有一些在国际上获奖的案例。

● 本章展示的案例结合本书的理论和方法部分，从城市与自然空间关系的规划、规划建立生态基础设施、生态修复与海绵城市建设、推动绿色生产生活方式改变四个方面展开。

5.1 规划"望得见山、看得见水、记得住乡愁"的安全健康和高品质的空间格局——山东威海城市风貌规划案例

威海市位于山东半岛的东端，三面濒临黄海，总面积 769km²，为花岗岩低山丘陵区。市域内自然和人文景观资源丰富，不但拥有依山傍海、山海相融的自然景观，而且拥有包括甲午海战纪念地等在内的大量历史遗存。然而，粗放的城市建设模式导致威海市山体、河湖湿地等自然生态系统受损、城市生态韧性降低、"城市病"凸显，如城市水资源短缺、洪涝灾害频发、城市风貌特色逐渐丧失等。

针对以上问题，威海市运用生态优先的"反规划"（逆向规划）方法，重建威海城市与自然和谐的空间格局，从而在保障威海市生态安全的同时彰显城市特色和品质。规划主要从市域总体规划、分区及廊道控制规划两个尺度展开。

市域：基于区域生态基础设施的威海城市发展空间格局。首先，通过对水、生物、游憩、视觉等过程的系统分析，判别维护上述生态过程安全的关键格局，并将其综合叠加为威海市生态安全格局，这是威海城市发展的生态底线，以此为基础构建的威海市生态基础设施，是威海城市及其居民持续获得综合生态系统服务的基本保障。其次，分别基于不考虑生态安全、最低生态安全水平、中等生态安全水平和最高生态安全水平四种前提条件，提出了 4 套威海市城市发展空间格局预景，并从水文、生物、感知、乡土文化、交通、经济效益及实施管理等方面对 4 套方案进行了影响评价，从而择优选出威海市城市空间发展格局方案。最后，基于优选方案，模拟不同建设强度下的城市空间形态模式。

分区：威海市分区生态基础设施及重要廊道控制性规划。市域尺度的生态基础设施明确了威海市什么地方"不可建设"，分区尺度则确定如何进行"不建设"。重点对威海市中心城区、高新技术开发区及经济技术开发区 3 个重要分区和构成威海市的滨海游憩廊道、里口山遗产廊道两条重要廊道进行控制性规划与导则编制。导则主要从生态建设要求、乡土文化景观、开放空间、交通布局、建筑高度与色彩等方面进行编制。

本项目是一个较为完整的规划与自然相和谐的空间格局案例，基于生态优先的规划方法，从区域和城区两个尺度层层落实生态基础设施建设，保障威海市城市生态系统健康运转，控制城市无序蔓延，引导城市空间集约发展，组织开放空间网络，彰显滨海城市风貌特色，引领和带动城市新的发展（图 5-1、图 5-2）。

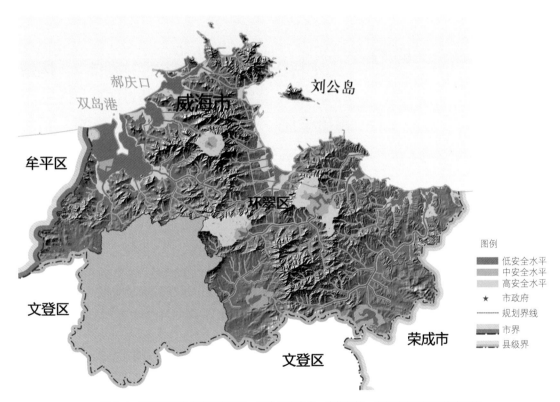

图 5-1 威海的综合生态安全格局，综合的水安全、生物保护、文化遗产保护和游憩系统
图片来源：俞孔坚、奚雪松、王思思：《基于生态基础设施的城市风貌规划——以山东省威海市为例》，《城市规划》2008 年第 3 期

图 5-2　威海未来城市格局预景：基于生态安全的城市空间格局，使城市在
保障生态安全的前提下，具有很好的风貌，让居民"望得见山、看得见水"

图片来源：俞孔坚、奚雪松、王思思：《基于生态基础设施的城市风貌
规划——以山东省威海市为例》，《城市规划》2008 年第 3 期

5.2 "山水林田湖草是一个生命共同体"，构建和修复"蓝绿交织、清新明亮"的生态基础设施——美国波士顿蓝宝石项链案例

波士顿是美国的著名城市。历史上，大波士顿地区是一片盆地，三面环山，流淌着 3 条河流，同时，在河口拥有大片的沼泽和湿地，植被茂盛，土壤肥沃。然而随着人口的大量增加，城市与自然的矛盾日益加剧。19 世纪 60—70 年代，波士顿掀起城市公园运动。景观设计师克里夫兰指出："波士顿需要的不是一个中央公园，而是由自然地形、农田景观和精美建筑组成的能够提升周边环境品质的系统。"由此，波士顿公园系统规划诞生。

被誉为"蓝宝石项链"的波士顿公园体系不是一个单一的公园，而是一个由多个公园组成的体系，是波士顿城市发展的生态基础设施。它是现代景观之父——弗里德里克·奥姆斯特德的著名作品，在

规划设计中，奥姆斯特德采用了一种全新的规划思想，即用两侧树木葱茏的线性通道——公园道，以及流经城市的绥德河将分散的各个块状城市公园和周边的社区连结成一个有机整体，从而最大限度增加附近居民进入公园的机会，为他们提供适于游憩、休闲，愉快而宁静的环境（图 5-3）。[1]

1 易辉：《波士顿公园绿道：散落都市的"翡翠项链"》，《人类居住》2018年第 1 期。

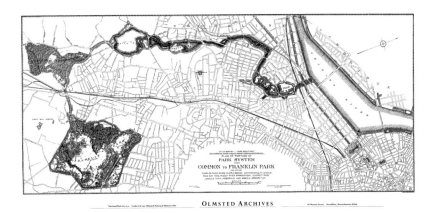

图 5-3　波士顿蓝宝石项链
图片来源：http://en.wikipedia.org/wiki/Public_domain

　　整个公园系统的建设始于 1878 年，历时 17 年，将波士顿公地（Boston Common）、公共花园（Public Garden）、马省林荫道（Commonwealth Avenue Mall）、后湾沼泽地（Back Bay Fens）、河道景区（The Riverway）、奥姆斯特德公园（Olmsted Park）、牙买加池塘（Jamaica Pond）、富兰克林公园（Franklin Park）和阿诺德植物园（Arnold Arboretum）这 9 个城市公园和其他绿地系统有序地联系起来，形成了一片绵延 16km 的公园绿道景观。

　　100 多年前的"蓝宝石项链"是国际景观界的里程碑，它充分体现了现代城市建设当中连续的开放空间和滨河带的重要性。快速城市化过程中，这些被保留的土地作为生态基础设施至今仍使波士顿受益匪浅。它带来了显著的生态效益和文化效益，恢复了查尔斯河的自然形态，解决了洪水泛滥、污染严重等问题。它还以巧妙的线路设计将众多历史遗址、纪念地连接起来，并设置解说牌，成功地将历史记忆保留下来。

1 张洋:《景观对城市形态的影响——以波士顿的城市发展为例》,《建筑与文化》2015年第3期。

同时,作为集户外休闲娱乐和文化遗产保护于一体的生态基础设施,它引导了城市形态的发展。主要体现在两个方面:第一,城市公园作为城市中的"点",在周边区域内起到景观核心的作用,如带动城市的局部更新,降低区域的建筑密度等。第二,公园道、滨水步道、林荫道等作为城市中的"线",在区域间起到引导、连通的作用,如将城市建设从半岛引向内陆,增强城市结构的整体性,串联起沿河的多个城市空间等(图5-4)。[1]

图5-4　波士顿蓝宝石项链中的公园道系统

5.3 基于自然的生态修复和建设"自然积存、自然渗透、自然净化的海绵城市"——北杜伊斯堡、清溪川、三亚案例

5.3.1 棕地生态修复:德国北杜伊斯堡案例

北杜伊斯堡景观公园(Landschafts Park Duisburg-Nord)原址是炼钢厂和煤矿及钢铁工业用地,由德国景观设计师彼得·拉茨(Peter Latz)与合伙人于1991年开始设计,是工厂棕地景观改造的经典范例。该景

观公园位于杜伊斯堡市北部，总占地面积 230hm²。公园的主要问题是与杜伊斯堡共存了大半个世纪的梅德利希钢铁厂，面临着拆除还是保留的选择。另外，公园位于埃姆舍河西部流域，埃姆舍河两岸分布着多座工厂，工业排污渠将污水汇入埃姆舍河，导致河流、土壤污染严重。

针对场地工业遗产的保护和利用，以及棕地和河流生态修复，采取以下策略：

首先，对废弃工业场地及设施的整体结构进行保护与综合再利用。对原工业遗址的整体布局和骨架结构，如功能分区、空间组织结构、交通运输结构等，以及其中的空间节点、构成元素等进行全面保护。对场地各种工业设施的综合利用，使景观公园能具有参观游览、信息咨询、餐饮、体育运动、集会、表演、休闲娱乐等多种功能。[1]

其次，对工业景观与自然元素进行层次梳理和整合。彼得·拉茨用景观分层的手法把场地中原本破碎的工业景观及自然元素进行有机整合，通过场地中原有的元素在视觉上或是功能上的联系、呼应呈现四个景观层次：空中高架步道与攀爬系统，与高架步道相对应的下沉休闲空间，以水渠和沉淀池构成的各类水景生态系统，穿插于整个公园的散步道系统及开放空间。[2]

最后，对生态环境提出保护和修复对策。针对水污染，提出将污水与净水系统分离，污水由地下直径 4m 的污水管道排走，经过净化的水采用水渠的形式，避免与受污染的土壤接触；另外场地还收集雨水，经过管道进入冷却池和沉淀池过滤，再进入湿地进一步净化。[3] 针对土壤污染，根据不同的污染程度，采用了原位修复、土方置换以及隔离的不同策略：对于污染严重、缺乏资金和时间修复的区域，要暂时封闭；对于需要多年自然净化的区域，要降低污染、有限利用（步行、自行车等）；对于治理较好的区域，可以频繁使用，通过树篱和树阵体现其特征。[4] 针对场地植被，彼得·拉茨认为，在废弃地受污染土壤上顽强地进行生态演替的野生植被是生态学家难得的试验对象，应加

1 刘抚英、邹涛、栗德祥：《后工业景观公园的典范——德国鲁尔区北杜伊斯堡景观公园考察研究》，《华中建筑》2007年第 25 期。

2 罗萍嘉、钱丽竹、井渌：《后工业时代的风景——德国杜伊斯堡北部风景公园》，《装饰》2008 年第 9 期。

3 同 1。

4 方凌波、金云峰：《欧洲棕地景观再生策略研究——以德国北杜伊斯堡公园为例》，《住宅科技》2016 年第 9 期。

刘抚英、邹涛、栗德祥：
《后工业景观公园的典
范——德国鲁尔区北杜
伊斯堡景观公园考察研
究》，《华中建筑》2007
年第 25 期。

以保护。在厂区与周围环境的边缘地带，有大面积的原生生境，据统计，
这里的野生植被有 450 多种，成为多种植物生长和鸟类栖息的场所。

　　1994 年公园对外开放，其改造成果得到了居民和游客的普遍认
可。据公园管理公司估计，1998 年有大约 30 万游客光顾了公园，并
逐年递增。该项目最突出的特色是强调工业文化的价值，最大限度地
保留了工厂的历史信息，利用原有的废弃工业设施塑造公园的景观，
使工业遗产与生态绿地交织在一起。昔日的钢铁厂改造成综合休闲娱
乐公园，提升了社区活力，并利用原有的工业文化带动了旅游，提高
了地块的价值，带动了地区经济发展（图 5-5）。

图 5-5　北杜伊斯堡景观公园：对工业构筑物进行保留和再利用，对棕地进行生态修复

5.3.2 让自然回归城市：韩国清溪川

20世纪，工业化和城市化的快速发展，城市发展与自然生态保护的普遍矛盾在全球范围内出现。从20世纪50年代开始，发达国家逐步将城市的建设方向转移到修复城市自然生态系统、重建城市与自然的关系上来。其中，韩国的清溪川修复工程几乎是世界上最著名的。

清溪川发源于韩国首尔西北部，由西到东贯穿首尔市中心并与中浪川一起汇入汉江。清溪川全长10.92km，流域总面积达50.92km²，最大宽度80m。20世纪50年代中期，大量战后难民开始集聚在清溪川周边并定居，大量生活污水使河流被严重污染。为解决水污染和提升城市景观，首尔市政府从1958年开始实施"覆盖"工程，直到1977年覆盖完成，在1967—1971年间，还在覆盖的地面上修建了一条长5.6km、宽16m的双向4车道高架桥。清溪川被覆盖40年后，其周边地区已经成为首尔市的商业中心，周边有超过6000座建筑，超过10万家小商店，是全国最大的商业区。覆盖道路和高架道路上每天可以通行数十万车辆。但同时，开始出现人口和就业减少、工业竞争力下降、企业总部搬迁至江南区的状况。高架道路也开始老化，安全性降低，维护费用越发高涨。污水排放、噪声、粉尘、拥堵等问题也相当突出。为解决这些问题，首尔市政府于2003年开始了清溪川修复工程。

清溪川修复工程的主要目标包含四个方面：改变城市管理范式，由经济发展转向高质量的生活，建设环境友好型城市；从根本上解决安全问题；重塑区域历史与文化；重新激活城市活力，平衡区域发展。清溪川修复工程采取分区分段规划，结合区位特点、城市功能与河道自然形态，设置不同主题：上段为"历史"，以清溪广场为中心，喷泉瀑布和高档写字楼相配，着重体现首尔历史与现代都市特征；中段为"文化和城市"，以植物群落、小型休息区为主，为市民和旅游者提供休闲空间；下段为"自然"，主要为大规模的湿地，着重体现自然风光，"自然段"总长5.84km（图5-6）。

图 5-6　韩国清溪川改造工程：城市的建设方向转移到修复城市自然生态系统，激发城市活力
图片来源：韩依纹　摄

　　清溪川修复工程仅用了 27 个月的时间便高效率地实现了修复目标。建成后的新清溪川成为市民最喜欢的地方之一，体现了保护与发展并重的理念，增强了人们对 600 年古城的认同感；提高了经济活力，形成了步行街区系统，使首尔成为国际标准化的大都市。同时，显著改善了周边的生态与环境：修复后，空气污染情况改善，二氧化氮浓度由 69.7μg/L 下降到 46.0μg/L，PM_{10} 由 74.0μg/m³ 下降到 60.0μg/m³；水质变好，生化需氧量（Biochemical Oxygen Demand，简称 BOD）由 100～250mg/L 下降到 1～2mg/L；噪声减少；热岛效应缓解；形成通风廊道；鱼类由 3 类增加到 14 类，鸟类有 18 类，昆虫由 7 类增加到 41 类。

5.3.3 全国"城市双修"与海绵城市建设示范：三亚案例

2015 年 4 月 11—12 日，住房和城乡建设部领导考察海南，在三亚提出了开展"生态修复、城市修补"的设想，与三亚市委市政府达成共识，将三亚作为试点，为全国的"城市双修"积累经验。很快，"城市双修"的第一个试点，便在三亚迅速展开。"城市双修"被认为是三亚最大的民生工程，举全市之力，迅速行动开来。至此，生态修复被具体落实到了改善人民生活和实现美丽中国梦的全民性的、日常的城市建设中。三亚作为全国"生态修复、城市修补"试点城市，针对生态环境遭受严重破坏、违建肆虐、垃圾围城、水患内涝、内河污染掀起了一场旨在全面改变城市面貌的"城市双修"行动。在短短的8 个月之后，就取得了明显的成效，包括拆除大量违建、疏通自然水系、解决城市内涝、修复山体、修复海岸带的生物栖息地、主要城市道路海绵化改造等。

这场大规模的城市建设行动首先以理论学习开场，以习近平总书记的生态文明和美丽中国建设理念以及"绿水青山就是金山银山"的理论为指引，对乡镇和街道以上全体党政领导干部和驻三亚的企事业领导干部进行了三次全面大规模的培训，深入学习生态优先的"逆向规划"方法、强调乡土植被和可持续景观的"大脚美学"理论、生态治水、海绵城市等理论方法和国内外优秀案例，并通过电视和大众媒体进行广泛的宣传，取得了广泛的共识。在此基础上，制定了海绵城市、城市水系统及城市双修的总体规划，并梳理出一些对协调整体城市与自然关系起关键作用的地段和项目，以及与老百姓日常生活密切相关的区域，开展了三亚市中心城区水系综合规划、东岸湿地公园设计、红树林生态公园设计、凤凰路景观设计等一系列"生态修复"实践工作。[1] 一些重要工作包括：

（1）三亚市中心城区水系综合规划

由于诸多历史原因，特别是过去 40 多年城市发展失控，三亚水

[1] 俞孔坚、王欣、林双盈：《城市设计需要一场"大脚革命"——三亚的城市"双修"实践》，《城乡建设》2016 年第 9 期。

系统破坏十分严重。作为城市生态基础设施的关键性元素，维护和修复三亚水系的生态完整性和连续性，对于美丽三亚的建设至关重要。本次进行的三亚水系规划，系统地梳理了三亚市中心城区的水系结构，形成水利上安全、生态上安康、景观上优美且与慢行系统和绿道相结合的蓝色网络；将中心城区水系打造成与雨洪为友的城市海绵系统；明确城市水系的保护和开发强度，确定中心城区城市蓝线和水系河道两侧后退绿线，明确退线距离和管控要求；从协调城市与自然和谐关系的发展战略高度思考三亚中心城区水系滨水空间的城市空间结构、资源利用、产业布局、设施配套、景观设计等问题，探讨如何加强三亚中心城区精致化建设、集约利用土地、完善提升城市形象。

（2）建设绿色海绵，营造水上森林——东岸湿地公园

东岸湿地为三亚市现存的面积最大的淡水湿地，面积约 68hm²。在城市化进程中，湿地被违章建筑所侵占，水体受到污染，逐渐退化，导致周边城市内涝频发，居民怨声载道（图5-7）。政府拆除大量违章建筑，恢复城市应有的"空隙"；运用桑基鱼塘智慧，营造人工湿地公园，使其成为城市中心的绿色海绵体，这些做法明显缓解了城

图5-7　三亚城市双修关键地段东岸湿地原状：违章建筑堵塞河道、内涝频发、污染严重

图片来源：左：俞孔坚　提供，右：郑晋欣　摄

市内涝，改善了地表水质，恢复了湿地生境；为减少水面蒸发，利用乡土植被，用榕树营造了一片水上森林，营造鸟类栖息地，成群的白鹭又回到了城区；公园还引入生产性景观，让居民参与，成为他们的后花园和菜园，同时融入城市功能，成为综合性城市湿地公园，全面体现海绵城市理念（图 5-8、图 5-9）。

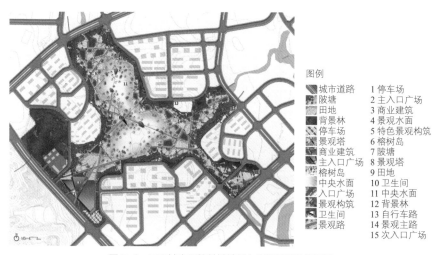

图例

城市道路	1 停车场
陂塘	2 主入口广场
田地	3 商业建筑
背景林	4 景观水面
停车场	5 特色景观构筑
景观塔	6 榕树岛
商业建筑	7 陂塘
主入口广场	8 景观塔
榕树岛	9 田地
中央水面	10 卫生间
入口广场	11 中央水面
景观构筑	12 背景林
卫生间	13 自行车路
景观路	14 景观主路
	15 次入口广场

图 5-8　三亚城市双修关键地段东岸湿地设计平面图

图 5-9　东岸湿地公园建成后效果

（3）修复红树林，彰显三亚地域特色——三亚红树林生态公园

三亚红树林生态公园临三亚河，面积约 35hm²。场地原为正在开发的商业楼盘，三亚市政府果断停止了原房地产建设工程，令其退出被占用河流廊道，进行河流和山体的生态修复。设计巧妙地融合城市河流的淡水与来自潮汐的咸水，引导潮汐漫入，延长水岸线，营造出适宜红树林生长的生境，迅速修复了原建筑垃圾场地的生态系统。不到一年时间，即形成了一个以红树林为主题的海绵公园（图5-10）。

图 5-10 三亚红树林生态公园修复之前（上）和修复之后（下）对比

（4）让果树上街——三亚市临春岭城市果园

临春岭城市果园位于城市干道边的一片被破坏的山体，面积约2hm²。该项目主要解决场地山体破坏后产生的巨大高差和视觉影响问题，同时完善城市果园的生产、游憩功能，将生产性景观的美展示给市民。项目以台地种植的形式，结合丰富、细致的种植设计，将果园

种植、高差和休闲游憩巧妙融合，打造了一个集山体修复、生态保育和城市休闲功能于一体的城市山体公园。

（5）道路的生态化及海绵化改造

原有城市道路经常积水，维护成本高，缺乏本地特色。为此，政府开展了系统改造道路景观的工程，将海绵城市和"大脚美学"的理念融入道路设计中。其中，凤凰路是贯穿三亚市区的城市主干道，是三亚中心城区重要进出口门户型交通干道之一，全长约11.8km，被作为重要的"海绵绿廊"来打造。设计将原来完全依赖市政灰色基础设施的凤凰路改造为海绵型道路，充分利用道路周边绿地，发挥其渗、蓄、滞、用、排等绿色海绵功能，用生态方法进行雨洪管理，可滞蓄一年一遇暴雨径流量的60%。同时，充分结合道路外部环境，合理安排具有热带特色的棕榈类植物作为行道树，充分考虑道路两侧的慢行系统和开放绿地，打造一条以多样城市界面展示为主要特色的城市景观走廊。

除此以外，同时进入三亚"城市双修"工程清单的项目共28个，大部分都在一年内完成设计和施工。还有一部分项目在陆续完善，它们取得的良好效果有目共睹，给全国各地"城市双修"和海绵城市建设提供了经验和借鉴。

5.3.4 浙江省"五水共治"示范：浦阳江生态廊道

浙江是著名水乡，水是生命之源、生产之要、生态之基。面对水资源存在的供需缺口大、结构矛盾突出、污染严重、有效利用率低四大突出问题，浙江省在全省范围内开展"五水共治"行动，具体是指治污水、防洪水、排涝水、保供水、抓节水这五项。为此，浙江省委省政府特地绘出了浙江"五水共治，治污先行"的路线图——3年（2014—2016年）要解决突出问题，明显见效；5年（2014—2018年）要基本解决问题，全面改观；7年（2014—2020年）要基本不出问题，实现质变。"五水共治"是一举多得的举措，既扩大投资又促转型，既优环境更惠民生。

"五水共治"是从治理金华浦江县的母亲河浦阳江开始的。浦阳江发源于浦江，是钱塘江的重要支流，也是浦江县城的母亲河。在城市化进程中，浦阳江曾面临严峻的生存考验：水质污染、生态破坏、地域文化流失、缺乏亲近可达性等，县域内"牛奶河""垃圾河""黑臭河"遍布。曾经拥有秀美山水的浦江生态系统被严重破坏，生态危机重重，人们赖以生存的自然环境变得满目疮痍。

面对如此严峻的生态危机，浦阳江的生态修复采用构建湿地净化系统的方法截留支流受污染的水体，净化后的河水排入浦阳江，解决了水质问题。增加的一系列不同级别的滞留湿地，一方面缓解河道及周边的洪水压力；另一方面蓄留水体资源也可以在旱季补充地下水，以及作为植被浇灌和景观环境用水，解决了水量问题。原本硬化的河道堤岸被生态化改造，修复河流自然形态，种植深根性的乔木和地被，废弃的混凝土块就地做抛石护坡，实现材料的废物再利用，最大限度地保留了乡土植被。结合改造利用农业水利设施，并融入安全便捷的慢行交通网络，将过去严重污染的河道彻底转变为受市民喜爱的生态、生活廊道。

通过水晶产业整治和转型，结合有效的生态净化系统构建，浦阳江目前的水质得到了极大的提升，从连续的劣Ⅴ类水变为现在的地表Ⅲ类水，并且逐步趋于稳定。大面积的硬质驳岸被改造为抛石缓坡，为各种乡土植物提供了自然栖息地，吸引鸟类和蛙类重回此地安家落户。场地中的步道和自行车道供附近居民平日里漫步或骑行，丰富了人们的游憩体验。设计使以最低成本投入实现综合效益最大化成为可能，并为河道生态修复以及河流重新回归城市生活提供了宝贵的实际经验（图5-11）。

图 5-11　浙江省首个"五水共治"项目——金华浦阳江,将污染极其严重的"牛奶河"
治理为美丽的生态廊道(左:治理前,右:治理后)

5.4 推动形成绿色发展方式和生活方式,从根本上进行绿色发展的城乡建设——可持续社区:瑞典哈马比案例

　　斯德哥尔摩哈马比(Hammarby)曾经是一处非法的小型工业区和港口,有许多搭建的临时建筑,垃圾遍地,污水横流,土壤遭受严重的工业废物污染。为了满足人口增长产生的需求,斯德哥尔摩面临着城市用地紧缺的困境,这一地区亟待再开发。斯德哥尔摩市为了申办 2004年奥运会,将该地区划为奥运村,开始寻求可持续的发展方式。如何规划以达到可持续发展的目标,是该地区改造面临的一个主要问题。

　　为了实现低碳目标,哈马比创建了一套生态循环系统,将城市功能、交通、建筑、物质循环和垃圾处理等纳入一个有机的体系中协调运作,创建基于生态循环系统的低碳社区(生态城市),以实现可持续发展的目标(图 5-12)。

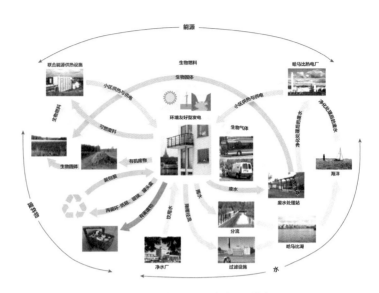

图 5-12　哈马比社区生态循环模式

图片来源：GlashusEtt, *"Hammarby Sjöstad: En Unik Miljösatsning I Stockholm,"* (Stockholm: GlashusEtt, 2006), pp.152-155

　　在物质及能源循环利用上，生物沼气及其转化的电力是这座社区能源的主要来源，通过对生物质能源的循环利用促进社区的零排放。社区居民排放的生活污水和有机废物作为小区附近热电厂的部分原料，循环利用后再将电能输送回小区，热电厂还提供了所有公共交通所需的燃料。哈马比社区的暖气主要由燃油厂供给，而燃油厂通过回收可燃废物，并将污水处理时产生的热能作为动力，推动热泵产生暖气。废水处理厂通过处理淤泥获得生物沼气，淤泥中的生物质主要来自本地农场的粪便和植被。

　　在废物资源化处理上，哈马比社区通过废物资源化处理将废水及有机垃圾处理成其他生产过程的原料。斯德哥尔摩采用了一种新的废水处理设备处理哈马比社区 10% 的废水，经过处理的废水能源利用率提高到 93%，配给当地农场及绿化部门。此外，哈马比社区还建成了一套垃圾抽吸系统，每个小区中均设有分类垃圾投掷点，垃圾经过抽吸系统输送到中央收集站内，省去了人工收集垃圾的过程。值得一提的是，哈马比的家用垃圾循环率高达 95%。经过处理的垃圾可以变废为宝，比如，有机垃圾可以被转化或制成生物沉渣并用作田间肥料，可燃烧的垃圾也可以作为当地热电厂的燃料。

在绿色交通出行方面，哈马比对公共交通进行了大量投资，鼓励居民绿色出行，减少私家车的使用。该城区建立了包括供居民免费乘坐的新型渡轮，贯穿整个城区的巴士线路、有轨电车、自行车和步行系统。现今，哈马比社区约80%的出行采取公共交通、步行和自行车等绿色交通方式。另外，该社区还倡导"汽车共享制度"（car-pool），提倡居住和工作于该社区的所有人，在前往相近目的地时尽可能共享同一辆汽车，以减少私家车出行产生的碳排放。

在低碳建筑方面，建筑的规划建造秉承了低密度、紧凑、高效的用地原则，提高了社区的土地利用率。哈马比社区的住宅以6层以下的多层公寓为主，公寓户型布置紧凑，根据不同需求提供多种选择，避免资源浪费。同时，社区通过建立能源基础设施以使用太阳能和风能，有效节省建筑能源消耗。在建造过程中倡导使用环保的建筑材料，并对所有的室内材料进行测试以确保建筑材料对人和环境无害。

哈马比社区的发展结合了众多最新的能源节约型科技，实现了生产和生活系统的物质循环链接，推动了资源的可持续利用，产生了较低的环境干扰。作为低碳社区的典范，它在低能耗、低排放、低污染发展方式上的大胆尝试对全球低碳行动产生了深远的影响（图5-13）。

图5-13　哈马比社区：自循环的环保、生态新城，城市与自然和谐共生

参考文献

[1]　俞孔坚，李海龙，李迪华，等．国土尺度生态安全格局 [J]．生态学报，2009，29（10）：5163-5175.

[2]　牛振国，张海英，王显威，等．1978—2008 年中国湿地类型变化 [J]．科学通报，2012，57（16）：1400-1411.

[3]　中华人民共和国环境保护部．全国地下水污染防治规划（2011—2020）[R]．2011.

[4]　张国良．21 世纪中国水供求 [M]．北京：中国水利水电出版社，1999.

[5]　DAILY G C. Nature's services: societal dependence on natural ecosystems[M]. Washington, D.C.: Island Press, 1997.

[6]　BARATA-SALGUEIRO T, Erkip F. Retail planning and urban resilience —an introduction to the special issue[J]. Cities, 2014, 36: 107-111.

[7]　HOLLING C S. Resilience and stability of ecological systems[J]. Annual Review of Ecology and Systematics, 1973, 4(1): 1-23.

[8]　YU K J. Ecological security patterns in landscape and GIS application[J]. Geographic Information Sciences, 1995, 1(2): 1-17.

[9]　YU K J. Security patterns and surface model in landscape ecological planning [J]. Landscape and Urban Planning, 1996, 36(5): 1-17.

[10]　俞孔坚，李迪华，李海龙，等．国土生态安全格局：再造秀美山川的空间战略 [M]．北京：中国建筑工业出版社，2012.

[11]　王如松．生态安全·生态经济·生态城市 [J]．学术月刊，2007，39（7）：5-11.

[12]　周庆华，姜长征．城市建设与城市自然环境及人文环境的关系研究 [J]．建筑设计漫谈，2015，45（12）：200-202.

[13] 俞孔坚，张蕾. 黄泛平原古城镇洪涝经验及其适应性景观 [J]. 城市规划学刊，2007，171（05）：85-91.

[14] 俞孔坚，张蕾. 黄泛平原区适应性"水城"景观及其保护和建设途径 [J]. 水利学报，2008，39（6）：688-696.

[15] NAVEH Z , LIEBERMAN A S. Landscape ecology: theory and application[M]. New York: Spring-Verlag, 1994.

[16] 王云才，石忆邵，陈田. 传统地域文化景观研究进展与展望 [J]. 同济大学学报（社会科学版），2009，20（1）：18-24.

[17] 俞孔坚，李迪华. 城市景观之路——与市长们交流 [M]. 北京：中国建筑工业出版社，2003.

[18] MA. Ecosystems and human well-being: current state and trends[M]. Washington, D.C.: Island Press, 2005.

[19] 沈清基. 城市生态与城市环境 [M]. 上海：同济大学出版社，1998.

[20] 俞孔坚. 节约型城市园林绿地理论与实践 [J]. 风景园林，2007（01）：55-64.

[21] 刘福森，胡金凤. 资本主义工业文明消费观批判——可持续发展的一个重要问题 [J]. 哲学动态，1998（2）：24-26.

[22] 潘城文. 我国居民消费方式的转变及对策研究 [J]. 改革与战略，2017（6）：173-175.

[23] 杨怀. 从水资源短缺谈抽水马桶革命 [J]. 学理论，2012（26）：36-37.

[24] 李珮. 一次性筷子引发的是是非非 [J]. 生态经济，2006（6）：14-19.

[25] 张菲菲. 促进一次性消费品减量升级的思路与措施 [J]. 再生资源与循环经济，2016，9（10）：24-28.

[26] 俞孔坚，李迪华，潮洛蒙. 城市生态基础设施建设的十大景观战略 [J]. 规划师，2001（6）：9-13.

[27] 俞孔坚，李迪华，吉庆萍. 景观与城市的生态设计：概念与原理 [J]. 中国园林，2001（6）：3-10.

[28] YU K J. Creating deep forms in urban nature: the peasant's approach to urban design[M]//STEINER F R, THOMPSON G F, CARBONELL A. Nature and cities—the ecological imperative in urban design and planning. Cambridge, MA: Lincoln Institute of Land Policy, 2016: 95-117.

[29] 俞孔坚. 海绵城市——理论与实践 [M]. 北京：中国建筑工业出版社，2016.

[30] 贾素红. 走向循环经济 [J]. 区域经济评论，2005（9）：14-15.

[31] 俞孔坚，李迪华，韩西丽. 论"反规划" [J]. 城市规划，2005（09）：64-69.

[32] 仇保兴. 我国的城镇化与规划调控 [J]. 城市规划，2002，26（9）：10-20.

[33] 陈秉钊. 变革年代多变的城市总体规划剖析和对策 [J]. 城市规划，2002，26（2）：49-51.

[34] 孙施文. 试析规划编制与规划实施管理的矛盾 [J]. 规划师，2001（03）：5-8.

[35] 周建军. 从城市规划的"缺陷"与"误区"说开去——基于规划干预、政策及本位之反思与检讨 [J]. 规划师，2001（03）：11-15.

[36] 周岚，何流. 今日中国规划师的缺憾和误区 [J]. 规划师，2001（03）：16-18.

[37] 吴良镛. 面对城市规划"第三个春天"的冷静思考 [J]. 城市规划，2002，26（2）：9-14，89.

[38] 国务院. 全国主体功能区规划 [R]. 2010.

[39] 胡焕庸. 中国人口之分布——附统计表与密度图 [J]. 地理学报，1935，2（2）：33-74.

[40] 俞孔坚，王思思，李迪华. 区域生态安全格局：北京案例 [M]. 北京：中国建筑工业出版社，2012.

[41] 仇保兴. 紧凑度和多样性——我国城市可持续发展的核心理念 [J]. 城市规划，2006，11（04）：1002-1329.

[42] YU K J. Landscape into places: Feng-shui model of place making and some cross-cultural comparison [M]//Clark J D. History and culture. Long Beach: Mississipi State University, 1994, 320-340.

[43] FORMAN R T T, GODRON M. Landscape ecology[M]. New York: John Wiley, 1986.

[44] FORMAN R T T. Land mosaics: the ecology of landscapes and regions [M]. Cambridge UK: Cambridge University Press, 1995.

[45] HARRIS P. The fragmented forest: island biogeography theory and preservation of biotic diversity[M]. Chiago: University of Chicago Press, 1984.

[46] 俞孔坚. 生物与文化基因上的图式——风水与理想景观的深层意义 [M]. 台北：田园城市文化事业有限公司，1998.

[47] SAUNDERS D A, HOBBS R J. Nature conservation: the role of corridors [J]. Journal of Environment Management,1990, 31(1): 93-94.

[48] 关君蔚. 防护林体系建设工程和中国的绿色革命 [J]. 防护林科技，1998（4）：12-15.

[49] SEARNS R M. The evolution of greenways as an adaptive urban landscape form [J]. Landscape and Urban Planning, 1995, 33(1-3): 65-80.

[50] WALMSLEY A. Greenways and the making of urban form [J]. Landscape and Urban Planning, 1995, 33(1-3):81-127.

[51] LITTLE C E. Greenways for America[M]. Baltimore: John Hopkins University Press, 1995.

[52] 吕宪国，黄锡畴. 我国湿地研究进展——献给中国科学院长春地理研究所成立 40 周年 [J]. 地理科学，1998（4）：2-9.

[53] BOLUND P, HUNHAMMAR S. Ecosystem services in urban areas[J]. Ecological Economics, 1999, 29(2): 293-301.

[54] 刘红玉，赵志春，吕宪国. 中国湿地资源及其保护研究 [J]. 资源科学，1999（06）：34-37.

[55]　孟宪民. 湿地与全球环境变化 [J]. 地理科学，1999（5）：385-391.

[56]　左东启. 论湿地研究与中国水利——迎 1999 年"世界湿地日"[J]. 水利水电科技进展，1999（1）：16-23，71.

[57]　MITSCH W J, GOSSELINK J G. The value of wetlands: importance of scale and landscape setting [J]. Ecological Economics, 35(1): 25-33.

[58]　王瑞山，王毅勇，杨青，等. 我国湿地资源现状、问题及对策 [J]. 资源科学，2000（1）：9-13.

[59]　俞孔坚. "新上山下乡运动"与遗产村落保护及复兴——徽州西溪南村实践 [J]. 中国科学院院刊，2017，32（07）：696-710.

[60]　张新时. 从生态修复的概念说起 [EB/OL]. http://www.sohu. com/a/212761505_781497, 2017-12-26.

[61]　WATSON J M, VENTER O, LEE J, et al. Protect the last of the wild [J]. Nature, 2018, 563(7729): 27-30.

[62]　俞孔坚，张静，刘向军. 与大海相呼吸——秦皇岛滨海植物园和鸟类博物馆设计 [J]. 建筑学报，2006（5）：82-83.

[63]　俞孔坚. 复兴古老智慧，建设绿色基础设施 [J]. 景观设计学，2018，6（03）：6-11.

[64]　俞孔坚. 栖息地与生物多样性 [J]. 景观设计学，2016，4（03）：4-9.

[65]　孙铁珩. 污水生态处理技术体系及发展趋势 [J]. 水土保持研究，2004，11（3）：1-3.

[66]　蔡玉斌. 城市生活垃圾资源生态化管理研究 [J]. 中国科技信息，2007（9）：18-20.

[67]　左铁镛. 发展循环经济，建设生态文明 [M]. 杭州：浙江教育出版社，2013.

[68]　左铁镛. 关于循环经济的思考 [J]. 资源节约与环保，2006，22（1）：10-14.

[69]　中华人民共和国生态环境部. 中华人民共和国循环经济促进法 [EB/OL]. （2018-11-14）[2019-4-1]. http://zfs.mee.gov.cn/fl/201811/t20181114_673624.shtml.

[70]　马荣，周宏春. 生态工业园的实践与经验 [J]. 经济研究参考，2006（46）：21-24.

[71] 佚名. 循环农业将大有作为 [J]. 今日科苑，2010（19）：56-58.

[72] 解振华. 我国生态文明建设的国家战略 [J]. 行政管理改革，2013（06）：9-15.

[73] 国务院办公厅. 国务院关于印发循环经济发展战略及近期行动计划的通知——循环经济发展战略及近期行动计划 [J]. 中华人民共和国国务院公报，2013（6）：22-59.

[74] 冯浚，徐康明. 哥本哈根 TOD 模式研究 [J]. 城市交通，2006，4（2）：41-46.

[75] 卢求. 德国 DGNB——世界第二代绿色建筑评估体系 [J]. 世界建筑，2010（1）：105-107.

[76] 俞孔坚，奚雪松，王思思. 基于生态基础设施的城市风貌规划——以山东省威海市城市景观风貌研究为例 [J]. 城市规划，2008（03）：87-92.

[77] 易辉. 波士顿公园绿道：散落都市的"翡翠项链" [J]. 人类居住，2018（01）：18-21.

[78] 张洋. 景观对城市形态的影响——以波士顿的城市发展为例 [J]. 建筑与文化，2015（03）：104-141.

[79] 刘抚英，邹涛，栗德祥. 后工业景观公园的典范——德国鲁尔区北杜伊斯堡景观公园考察研究 [J]. 华中建筑，2007，25（11）：77-84，86.

[80] 罗萍嘉，钱丽竹，井渌. 后工业时代的风景——德国杜伊斯堡北部风景公园 [J]. 装饰，2008（9）：67-69.

[81] 方凌波，金云峰. 欧洲棕地景观再生策略研究——以德国北杜伊斯堡公园为例 [J]. 住宅科技，2016，36（9）：27-32.

[82] 俞孔坚，王欣，林双盈. 城市设计需要一场"大脚革命"——三亚的城市"双修"实践 [J]. 城乡建设，2016（9）：56-59.

[83] GlashusEtt. Hammarby Sjöstad: en unik miljösatsning i Stockholm [M]. Stockholm: GlashusEtt, 2006.

[84] U.S. Senate Committee on Environment & Public Works. Comprehensive environmental response, compensation, and liability act (CERCLA) [EB/OL]. (2002-12-31)[2019-2-20]. http://epw.senate.gov/cercla.pdf.

[85] Communities and Local Government. Planning policy statement 3: housing (PPS3) [EB/OL]. (2011-07) [2019-2-20]. http://www.housinglin. org.uk/_library/Resources/Housing/Policy_documents/PPS3.pdf.

[86] 刘纪远，宁佳，匡文慧，等. 2010—2015 年中国土地利用变化的时空格局与新特征 [J]. 地理学报，2018，73（5）：789-802.

[87] 谈明洪，李秀彬，吕昌河. 20 世纪 90 年代中国大中城市建设用地扩张及其对耕地的占用 [J]. 中国科学 D 辑 地球科学，2004，34（12）：1157-1165.

[88] 俞孔坚，奚雪松，李迪华，等. 中国国家线性文化遗产网络构建 [J]. 人文地理，2009（3）：11-13.

[89] PRAMOVA E, LOCATELLI B，BROCKHAUS M, et al. Ecosystem services in the National Adaptation Programs of Action[J]. Climate Policy，12（2012）：393-409.

[90] 李双成，等. 生态系统服务地理学 [M]. 北京：科学出版社，2014.

[91] 段里仁. 一个城市交通的国际典范——巴西库里蒂巴整合公共交通系统 [J]. 城市车辆，2001，1（1）：21-23.

后记

　　本书由住房和城乡建设部标准定额司牵头，城市建设司协助编写工作；由北京大学建筑与景观设计学院、北京大学景观设计学研究院具体承担编写任务；由俞孔坚主持编写，吴珊珊、洪敏、王春连、李蒙、王志勇等参与。俞孔坚主持制定了整体结构和内容，其他作者分别参与了前后数稿各章节的编写工作，时值农历新年，大家都付出了艰辛的努力，最终书稿由俞孔坚完成，吴珊珊做了大量协调、排版、管理等繁琐工作。除特别注明外，本书所有章前图均由俞孔坚拍摄，文中未标明来源的图片也为俞孔坚拍摄或提供。

　　城市是一个复杂的巨系统，自然更是无所不包，因而，城市与自然的生态关系是一个异常复杂的问题，要说清楚并不容易。本书力图抽丝剥茧、提纲挈领地把一些普遍存在的问题和当前迫切需要引起注意的城市与自然生态问题讲清楚，希望读者能借鉴一些基本原理和方法，而本书所要传达的生态文明理念和该理念下对城市建设认识的改变是最值得期待的。写作过程数易其稿，在众多专家和领导的参与和共同努力下，终于在最短时间内与广大城市建设决策者和实践者见面，希望能对读者有所裨益并希望在使用过程中能得到不断补充改进。也正因为城市和自然的复杂性和编者的水平局限，此书必不能与各位读者所接触的实际工作的丰富性和地域的多样性相匹配，请读者见谅并给予指正。

俞孔坚

2019 年 3 月 17 日